항공학 시리즈 8

항공전기전자실무

김천용 · 박희관 · 하영태 · 권병국 공저

머리말

최근의 항공기는 디지털화, 자동화 등을 추구하고 있으며, 항공공학을 바탕으로 전자공학과 첨단 컴퓨터공학이 집적되어 있다. 따라서 항공기를 운영하고 정비하는 종사자는 이런 분야에 대한 폭넓은 학습이 요구된다. 특히 항공전기/전자분야는 항공기술을 선도하는 분야인 만큼 이에 대한 이해는 매우 중요하다.

많은 학생들이 항공분야에 진출을 희망하고 있지만 군에서는 최소 항공산업기사 자격을 요구하고 있으며, 항공사의 경우에는 항공정비사 자격을 요구하고 있는 실정이지만, 자격취득이 쉽지 않은 것이 현실이다.

필자가 항공관련 자격증 실기시험위원으로 참여하여 실기평가결과 기체 및 기관분야에 비하여 전기전자분야의 실기시험의 실패로 불합격되는 학생들이 많았다. 이러한 원인으로는 기체 및 기관분야에 비하여 실기에 대비할 수 있는 실무지침서가 미약하여 학교에서 항공전자관련 실습을 체계적으로 수행할 수 없다는 것을 깨달았다.

이런 점을 고려하여 항공산업기사 및 항공정비사 자격증에 도전하는 학생들에게 필요한 기본적인 전기전자이론, 회로구성 및 분석, 전기계측 및 고장 판별방법, 항공기 전기계통의 정비 등에 대하여 간략히 소개하고, 실제 항공산업기사 및 항공정비사 실기시험에서 다루어지는 회로를 이용하여 실기를 대비할 수 있도록 실무지침서를 편찬하게 되었다.

아무쪼록 항공정비사의 꿈을 가진 학생들과 항공산업기사 및 항공정비사 자격증명 등의 항공관련 자격증 취득을 위해 공부하는 수험생에게 유익한 지침서가 되었으면 하는 바람이다.

2021년 여름

저자 씀

차 례

제 1 장 항공전기전자 기초이론 7

제 2 장 회로구성 소자 27

제 3 장 시험기기 사용법 81

제 4 장 회로 이해 및 회로 구성 105

제 5 장 전기 전자 기초 실습 121

제 1 장

항공전기전자 기초이론 (Avionics Basic Theory)

1. 원자의 구성과 전류
2. 전기회로의 구성
3. 환산계수와 단위
4. 옴의 법칙
5. 키르히호프의 법칙

1 원자의 구성과 전류

1.1 원자의 구성

원자는 모든 물질의 가장 기본적인 구성요소로서 양성자, 중성자, 전자로 구성된다. 이 3개의 입자는 원자의 성질을 결정한다. 양성자는 양전하이고, 중성자는 중립전하이며 양성자와 거의 같은 질량을 갖는다.

전자는 양성자에 비해 약 1/1,837배 가볍지만 음전하를 띠고 있어 양전하에 대응해서 전기적으로 중성을 이룬다. 원자의 중심인 핵에는 양성자와 중성자가 있으며, 핵으로부터 떨어진 궤도에서 전자가 회전하고 있다. 이 전자는 외부적인 영향이 작용하면 가장 먼저 반응한다.

물질의 본질을 유지하는 가장 작은 입자를 분자라고 부른다. 자연계 대부분의 물질은 2가지 또는 그 이상의 원자로 구성된 화합물이다. 그림 1-1은 물(H_2O) 분자 구조를 보이고 있다.

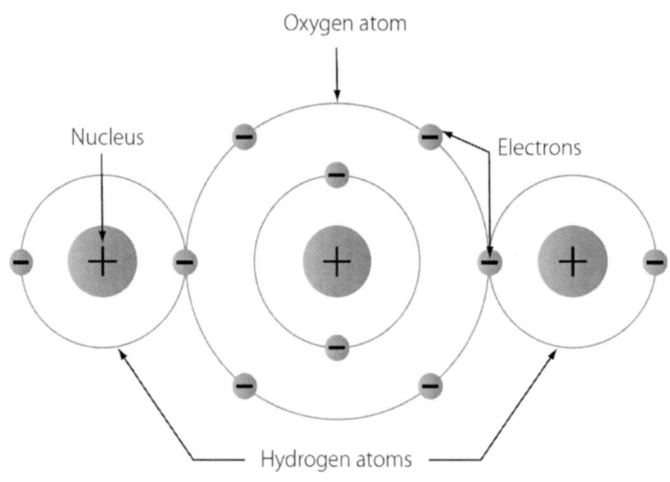

그림 1-1 물 분자의 구성

그림 1-2와 같이 수소는 원자의 가장 간단한 형태이다. 수소원자의 핵에는 양성자와 중성자가 1개씩 있고 외부 전자궤도에는 하나의 전자가 선회하고 있다.

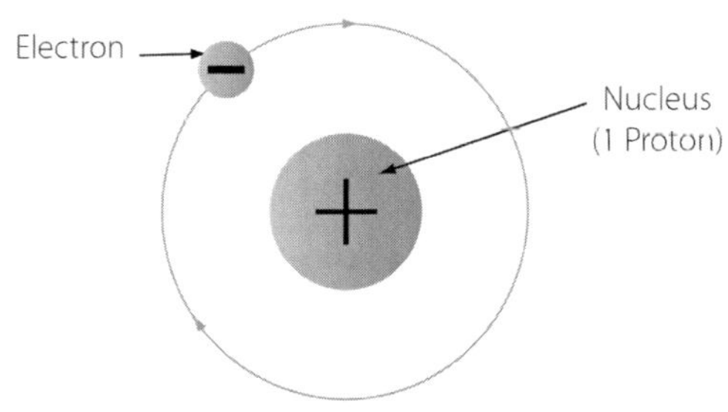

그림 1-2 수소 원자의 구조

그림 1-3은 산소원자의 구조를 보여주고 있는데, 산소의 핵은 8개의 양성자와 중성자로 구성되어 있으며, 그 주위의 2개 궤도에서 8개의 전자가 선회하고 있다. 양성자의 양전하 수와 전자의 음전하 수가 같으면, 이 원자는 중성이 된다.

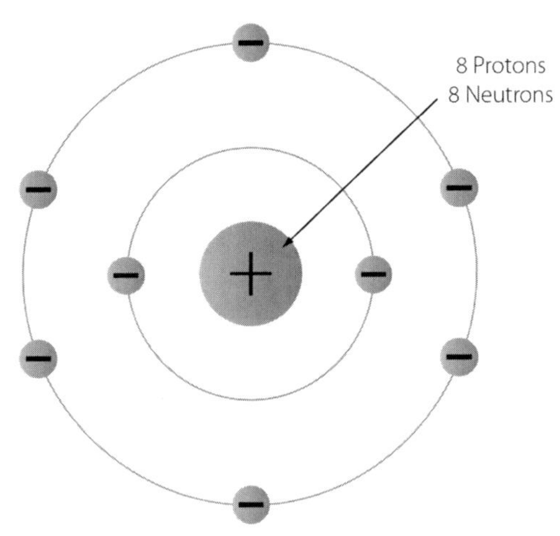

그림 1-3 산소 원자의 구조

원자의 최외각 궤도에 있는 전자의 수는 원자의 원자가를 결정하는 요소이다. 원자가는 형성할 수 있는 화학결합의 수이기도 하다. 원자가전자는 다른 원자와 화학결합에 참여할 수 있는 전자이다. 그러므로 이 전자궤도에 들어간 전자는 원자가전자라고 부른다. 전자궤도에 포함할 수 있는 전자의 최대 수는 모든 원자에 대해 동일하게 2n2

에 따라 계산한다. 이 식에서 n은 에너지준위를 나타낸다. 첫 번째 전자궤도이면 n=1이고 2개의 전자가 들어갈 수 있고, 두 번째 전자궤도는 n=2이고 8개의 전자가 들어갈 수 있으며, 세 번째는 n=3이고 18개의 전자가 들어갈 수 있다. 가장 안쪽의 전자궤도가 가장 낮은 에너지준위이기 때문에, 가장 안쪽의 전자궤도부터 채워지기 시작한다.

1.2 전류의 형성

일부 전자는 핵에 더 가까운 전자궤도에 배치되어 단단히 구속되지만, 일부 전자는 핵으로부터 먼 궤도에 배치되어 느슨하게 구속되게 된다. 가장 바깥쪽 궤도의 전자는 핵의 인력으로부터 쉽게 이탈할 수 있기 때문에 “자유전자”라고 부른다. 일반적으로 전자가 원자로부터 이탈하면, 전자의 흐름이 가능해지고, 이것이 전기회로에서 전류를 형성한다.

물질은 자유전자를 만들어내는 재료의 성질에 따라 도체(conductor), 반도체(semiconductor), 절연체(insulator)로 분류된다. 재료는 자유전자 수가 많을수록 더 쉽게 전류를 흘려보낼 수 있다.

보통 얼마나 많은 전자가 이동하고 있는지에 관계없이 이 흐름을 “전류”라고 부른다. 전류는 어떤 도체를 통해 전하가 흐르는 비율이다. 전류의 세기는 단위시간동안 이동한 전하의 양으로 표시된다.

$$\text{전류} = \frac{\text{전하량}}{\text{시간}} \quad \text{or} \quad I = \frac{Q}{t}$$

$$\begin{aligned} I &= \text{전류}[A] \\ Q &= \text{전하량}[C] \\ t &= \text{시간}[\text{sec}] \end{aligned}$$

1A의 전류는 1[sec] 동안에 도체를 거쳐 지나가는 1쿨롱[C]의 전하량과 같다. 1쿨롱[C]의 전하는 6.28×1018개의 전자와 같다. 전류흐름이 한쪽 방향일 때는 직류라고 하며, 주기적으로 변하면 교류라고 한다.

도체에 전압이 가해지면 기전력은 자유전자를 움직이게 만들어 전류가 흐르게 한다. 이때 전자는 가까운 다른 원자와 충돌하고 다른 자유전자를 때려서 움직이며 점차

도체의 끝단 쪽으로 이동한다. 비록 최초의 자유전자는 충돌하면서 천천히 이동할지라도, 전류는 빛(186,000mil/sec)의 속도로 순식간에 흐르게 된다.

그림 1-4 자유전자의 이동

도체의 저항과 그것에 가해진 전압은 도체를 통해 흐르는 전류의 량을 결정한다. 그러므로 1[Ω]의 저항은 1V의 전압이 가해진 도체에서 1A 전류가 흐르도록 제한한다. 고무, 유리, 세라믹, 플라스틱 등과 같은 재료는 보통 절연체로 사용된다. 이 재료들은 자유전자가 매우 적으며 전류가 재료를 통해 전도될 수 없다는 것을 의미한다.

반도체는 도체와 절연체의 사이의 특성을 가지고 있다. 실리콘(Si)과 게르마늄(Ge)은 가장 대표적인 반도체재료이다. 이들 소자의 특성은 4원자가전자를 갖는다는 것이다. 4개의 실리콘원자가 각각의 전자 1개씩을 다른 원자와 공유한다. 이런 형태를 공유결합이라고 하며, 이 결속은 매우 단단하고 안정적이다. 모든 외각전자가 공유결합을 형성하기 위해 이용되어 전자이동에 필요한 빈자리나 자유전자가 없기 때문에 절연체 특성을 갖는다.

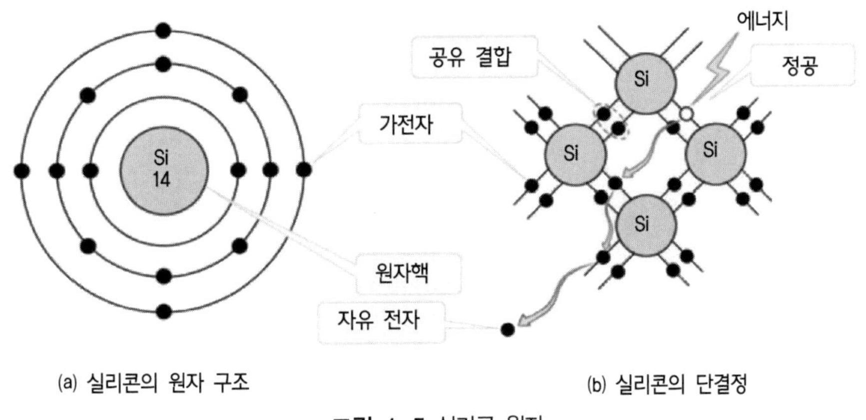

그림 1-5 실리콘 원자

2 전기회로의 구성

기본적인 전기회로는 전원, 도선, 부하(저항), 제어장치 등으로 구성된다. 이 구성요소의 배치형태에 따라 직렬회로와 병렬회로로 구분할 수 있는데, 직렬회로는 각 구성요소들의 끝과 끝이 연속적으로 연결된 상태를 말한다. 직렬회로에서 전류가 흐르는 경로는 오직 1개이며 각각의 구성요소를 통해 같은 전류가 흐른다. 이와는 다르게 병렬회로에서의 전류흐름 경로는 여러 개이며, 각각의 구성요소를 통해 서로 다른 전류가 흐르게 된다.

전기 회로도는 전기기호를 이용하여 전자·전기회로의 상호연결과 논리회로를 나타낸 그림이다. 항공정비사는 전자·전기회로의 상호연결과 논리적인 관계를 이해하고 이를 해석할 수 있는 능력을 갖추어야 한다.

2.1 전원

전원은 회로에 전기에너지를 공급하는 장치이다. 전기에너지는 다양한 방법에 의해 생산되는데, 일반적으로 마찰전기, 압력전기, 화학작용에 의한 전기, 열기전력, 빛에 의한 전기, 전자기 유도에 의한 전기 등이 있다. 예를 들어 번개는 찬 공기와 더운 공기가 만나 마찰을 일으키면서 발생하는 마찰전기이다. 또한 대용량의 전기에너지를 생산할 때는 전자기 유도 현상을 이용한 발전방법을 가장 많이 사용한다.

에너지는 일할 수 있는 능력으로 정의된다. 전력은 단위시간 동안에 사용한 실제 에너지소비에 해당하며, 전력과 사용시간을 곱하면 총 에너지 사용량이 된다.

전원은 국가마다 조금씩 차이가 있으며, 일반적으로 100~240V, 50Hz 또는 60Hz를 사용하고 있다. 우리나라 가정용 상용전기는 220V, 60Hz를 사용하고 있다. 항공기에서는 직류 28V, 교류 115V/200V 3상 400±1Hz를 사용한다.

교류 전원은 다음과 같은 단계를 거치면서 직류로 변환해 사용할 수 있다.

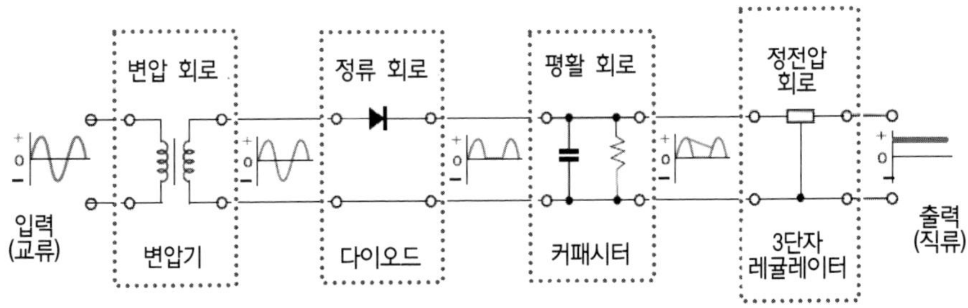

그림 1-6 교류 전원의 직류 변환 과정

2.2 도선

도선은 전기에너지를 전달하는 통로이다. 현대 항공기에 사용되는 전선은 약 0.2mm~0.25mm 두께의 테프론(폴리아미드)수지로 피복을 입혀 절연시킨 도선을 많이 사용하고 있다. 또한 심선의 재질로는 구리와 알루미늄이 많이 사용되며, 특히 알루미늄 도선은 구리의 60% 중량이기 때문에 항공기 무게를 감소시키는 차원에서 많이 사용한다. 구리 도선은 산화 방지와 납땜을 용이하게 하기 위해 아연, 은, 니켈 등으로 도금하고 있다. 항공기용 도선은 길이, 전류량, 공급하려는 전압 등을 고려하여 선택한다.

도선의 굵기는 미국 도선규격(AWG, America Wire Gage)에 따라 AWG 0000 ~ 40번까지로 구분하고 있으며, 번호가 커질수록 도선의 굵기는 가늘어 진다. 항공기에는 AWG 00~24번까지 중 짝수 번호에 해당하는 도선을 사용하고 있다.

도선의 절연피복에는 계통을 구분하고 전선의 굵기에 관한 정보를 쉽게 확인할 수 있도록 숫자와 문자로 조합된 식별 부호를 인쇄하고 있다.

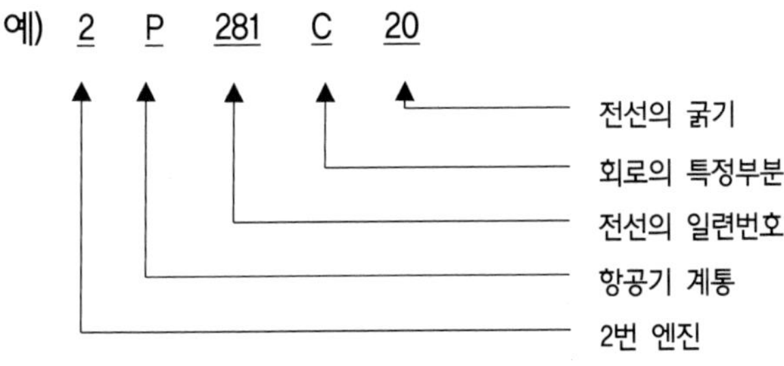

표 1-1 항공기 계통 부호

항공기 계통	부호	항공기 계통	부호
교류 전원(AC power)	X	난방, 환기(heating & ventilation)	H
제빙, 방빙(de-icing & anti-icing)	D	점화(ignition)	J
기관 제어(engine control)	K	인버터 제어(invertor control)	V
기관 계기(engine instrument)	E	조명(lighting)	L
비행 제어(flight control)	C	항법, 통신(navigation & communication	R
비행계기(flight instrument)	F	경고 장치(warning device)	W
연료, 오일(fuel & oil)	Q	전력(power)	P
접지(ground network)	N	기타(miscellaneous)	M

회로도에서 도선은 간단하게 실선으로 표현한다. 도선의 교차와 접속을 표현하는 방법은 두 가지가 있는데 서로 혼돈하기 쉽다. 접속된 도선은 서로 단락된 상태를 의미하며, 교차된 도선은 따로 분리된 상태임을 의미한다. 회로도에서 그림 1-7과 같은 도선이 사용되고 있다면 함께 사용되고 있는 도선의 모양에 따라 접속과 교차가 결정된다. 즉, A형의 첫 번째 +와 B형의 두 번째 +는 같은 모양이지만 상대적으로 함께 사용되는 그림에 따라 서로 다른 의미를 가진다. A형에서는 도선의 접속을 의미하며, B형에서는 도선의 교차를 의미한다.

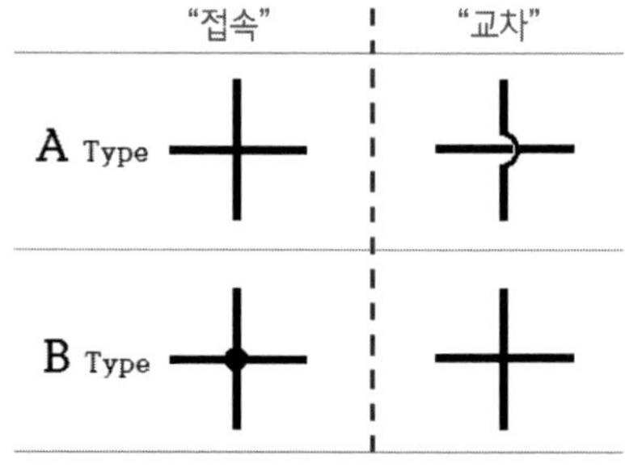

그림 1-7 전선의 교차와 접속

2.3 부하(저항)

부하(load)란 전기에너지를 소비하는 것으로 전구 등이 이에 해당한다. 부하는 전기회로에서 전기 에너지를 소비해 다른 형태의 에너지로 변환하거나 전기의 흐름을 방해하여 전기흐름을 제어하는 작용을 한다. 전기 에너지가 다른 형태의 에너지로 바뀌어 수행한 일을 전력(electric power)이라고 한다. 전력의 기호는 P, 단위는 [W]를 사용하며, 와트(watt)라고 읽는다. 전력 P는 전압 V와 전류 I의 곱으로 나타낸다.

$$P = V \times I[W]$$

전력량은 전력과 시간의 곱이다. 전력량의 기호는 W이고, 단위는 [Wh]를 사용하며, 와트시(watt-hour)라고 읽는다. 전기 기기를 사용할 때 사용한 시간이 길어질수록 전력량이 커진다는 것을 의미한다. 전력량W는 전력 P와 시간 t의 곱으로 나타낸다.

$$W = P \times t[Wh]$$

3 환산계수와 단위

3.1 환산계수

전기 계통은 아주 작은 값에서부터 아주 큰 값까지 측정되는데, 이 값을 표현하기 위해 이런 수를 표시하는 방법이 필요하다. 이 방법의 일환으로 단위계에서는 접두사를 이용하여 기준단위에 대한 배수 또는 약수로 표현하고 있다.

예를 들어, 널리 사용되는 환산계수 중 하나인, k는 1,000을 의미하므로, 1[kV]라면 1,000[V]를 뜻한다.

표 1-2 환산계수

수	접두사	환산계수
1,000,000,000,000	tera	T
1,000,000,000	giga	G
1,000,000	mega	M
1,000	kilo	K
100	hecto	h
10	deka	dk
0.1	deci	d
0.01	centi	c
0.001	milli	m
0.000001	micro	μ
0.000000001	nano	n
0.000000000001	pico	p

3.2 단위

물리적인 양을 표시할 때는 반드시 단위를 함께 나타내야만 한다. 일반적으로 국제 표준단위계와 영국 단위계를 사용하고 있다. 표 1-3에서는 전기적인 물리량과 관련된 단위를 나타냈다.

표 1-3 물리량과 단위

물리량	단위의 명칭	단위의 기호
길 이	meter	m
질 량	kilogram	kg
시 간	seconds	s
전 류	ampere	A
절대온도	kelvin	K
광 도	candela	cd
저 항	ohm	Ω
컨덕턴스	siemens	S(℧)
커패시턴스	farad	F
주파수	hertz	Hz
전 력	watt	W
에너지, 일	joule	J
전 하	coulomb	C
전 압	volt	V
자 속	weber	Wb
자속밀도	tesla	T
힘	newton	N

4 옴의 법칙

전기회로에 전압을 가하면 전기에너지가 이동하는 전류가 발생하는데, 주어진 전압 상태에서 도체의 전류는 저항의 크기에 의해 결정된다. 저항이 클수록 전류는 감소하고 저항이 감소하면 전류는 증가한다. 이런 관계를 옴의 법칙이라 하고 있다. 옴의 법칙은 다음 방정식으로 나타낼 수 있다.

$$I = \frac{E}{R},\quad E = I \times R,\quad R = \frac{E}{I}$$

여기서 I[A]는 전류(암페어)이고, E[V]는 전위차(볼트)이고, R[Ω]은 저항(옴)이다. 회로에서 전압과 저항을 알고 있다면 이 방정식을 써서 전류를 계산할 수 있다.

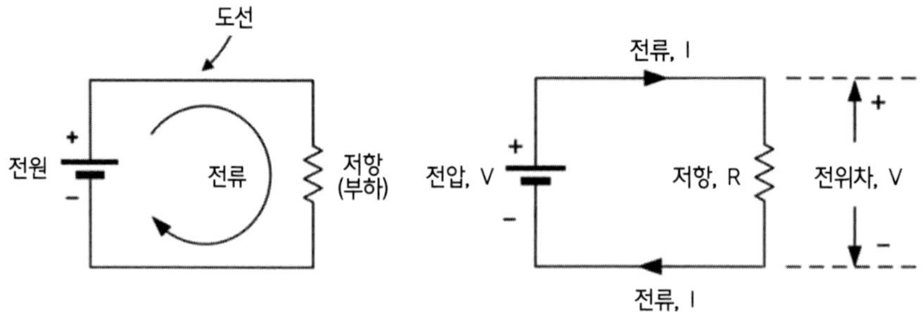

그림 1-8 전압, 저항과 전류

그림 1-9에서 보여주는 것과 같이, 이 기본법칙은 삼각형 차트를 이용해서 쉽게 표현할 수 있다.

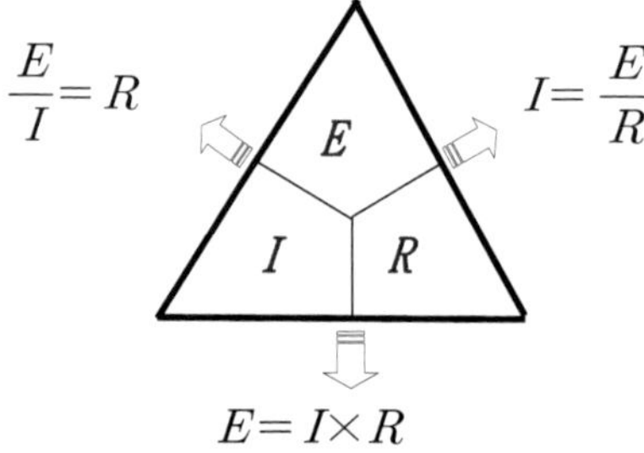

그림 1-9 전압, 전류, 저항 삼각형

4.1 저항의 직렬연결

그림 1-10은 3개의 저항을 직렬 연결한 회로이다. 직렬로 연결한 3개의 저항 R1=1[kΩ], R2=2[kΩ], R3=3[kΩ]에 12[V] 직류전원이 공급되고 있다면, 전체저항은 각 저항의 합과 같으며, 공식은 다음과 같다.

$$R_T = R_1 + R_2 + R_3 + \cdots\cdots R_N$$

$$R_T = 1 + 2 + 3 = 6[k\Omega]$$

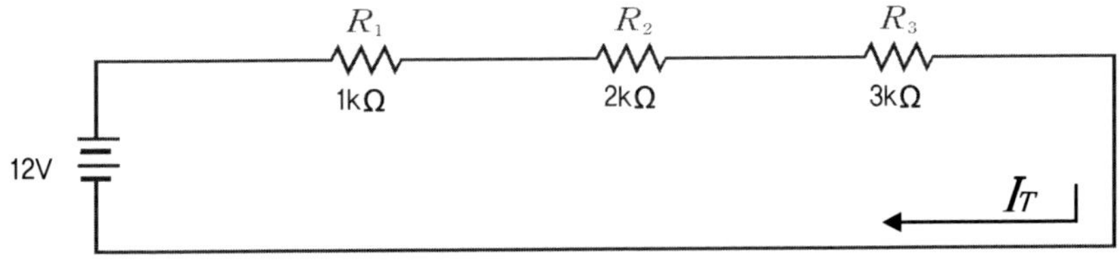

그림 1-10 저항의 직렬 연결

직렬회로를 통과하는 전류는 모든 저항에서 항상 동일하며, 옴의 법칙을 적용하면 다음과 같다.

$$I_T = \frac{E}{R} = \frac{12}{6000} = 2[mA]$$

직렬회로에서 각 저항에서는 전자를 통과시키기 위해 전압강하가 일어난다. 따라서 각각의 전압강하는 각 저항의 크기에 비례해서 일어나게 된다. 옴의 법칙을 적용하여 각 저항에서의 전압강하를 계산하면, 각각의 저항과 전류와의 곱이 된다. 직렬회로에서는 모든 저항에 같은 량의 전류 I = 2[mA] 가 흐르므로

$$R_1 : E_1 = I \times R_1 = 2mA \times 1k\Omega = 2V$$

$$R_2 : E_2 = I \times R_2 = 2mA \times 2k\Omega = 4V$$

$$R_3 : E_3 = I \times R_3 = 2mA \times 3k\Omega = 6V$$

각 전압강하의 합은 전원전압과 같다.

$$E_T = E_1 + E_2 + E_3 + \cdots\cdots E_N$$

$$E_T = 2 + 4 + 6 = 12V$$

4.2 저항의 병렬연결

2개 이상의 저항(부하)이 동일한 전압원에 연결되는 회로는 병렬회로라고 한다. 직렬회로와의 차이점은 병렬회로에서는 1개 이상의 경로를 통해 전류가 흐를 수 있다는 것이다. 이들 경로를 분기라고 부른다.

그림 1-11은 3개의 저항을 병렬 연결한 회로이다. 저항 R1=1[kΩ], R2=2[kΩ], R3=3[kΩ] 3개가 병렬 연결되어 있을 때, 전체저항을 계산하는 공식은 다음과 같다.

$$\frac{1}{R_T} = \frac{1}{R_1} + \frac{1}{R_2} + \frac{1}{R_3} \cdots \frac{1}{R_N}$$

$$R_T = \frac{1}{\frac{1}{R_1} + \frac{1}{R_2} + \frac{1}{R_3} + \cdots \frac{1}{R_N}}$$

$$R_T = \frac{1}{\frac{1}{1} + \frac{1}{2} + \frac{1}{3}} = \frac{6}{11}[k\Omega]$$

$$I_T = \frac{E}{R_T} = \frac{12}{6000/11} = 22[mA]$$

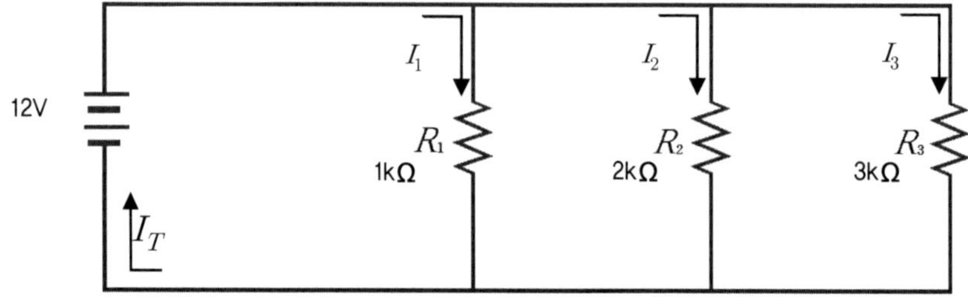

그림 1-11 저항의 병렬 연결

이 회로에 12[V] 직류전원이 공급된다면, 병렬 연결된 각각의 저항에는 동일한 12[V] 전압이 작용하게 된다. 직류전원으로부터 유입되는 전류는 각 분기점에서 나누어져서 R1, R2, R3을 통해 흐른다. 옴의 법칙을 적용해 각 저항을 통해 흐르는 전류를 계산하면 다음과 같다.

$$I_1 = \frac{E}{R_1} = \frac{12}{1000} = 12[mA]$$

$$I_2 = \frac{E}{R_2} = \frac{12}{2000} = 6[mA]$$

$$I_3 = \frac{E}{R_3} = \frac{12}{3000} = 4[mA]$$

각 전류의 합은 공급되는 전원전류와 같다.

$$I_T = I_1 + I_2 + I_3 = 12 + 6 + 4 = 22[mA]$$

4.3 저항의 직병렬연결

직렬 회로와 병렬 회로가 혼합된 경우를 직병렬회로라고 한다. 직병렬회로에서는 병렬 회로에 대한 합을 먼저 구해 직렬회로처럼 만든 다음에 직렬회로에 대한 합을 계산한다.

그림 1-12는 3개의 저항으로 이루어진 직병렬 회로이다. 저항 R1=1[kΩ], R2=2[kΩ]은 병렬 연결되었고, 이 저항들과 R3=3[kΩ]가 직렬 연결되었다. 전체저항을 계산하는 공식은 다음과 같다.

병렬 계산 : $R_{12} = \dfrac{1}{\dfrac{1}{R_1} + \dfrac{1}{R_2}} = \dfrac{R_1 \times R_2}{R_1 + R_2} = \dfrac{1 \times 2}{1+2} = \dfrac{2}{3}$

$$\text{직렬 계산 : } R_T = R_{12} + R_3 = \frac{R_1 \times R_2}{R_1 + R_2} + R_3$$
$$= \frac{2}{3} + 3 = \frac{11}{3}\ [k\Omega]$$

직렬 회로와 병렬 회로가 혼합된 경우를 직병렬회로라고 한다. 직병렬회로에서는 병렬 회로에 대한 합을 먼저 구해 직렬회로처럼 만든 다음에 직렬회로에 대한 합을 계산한다.

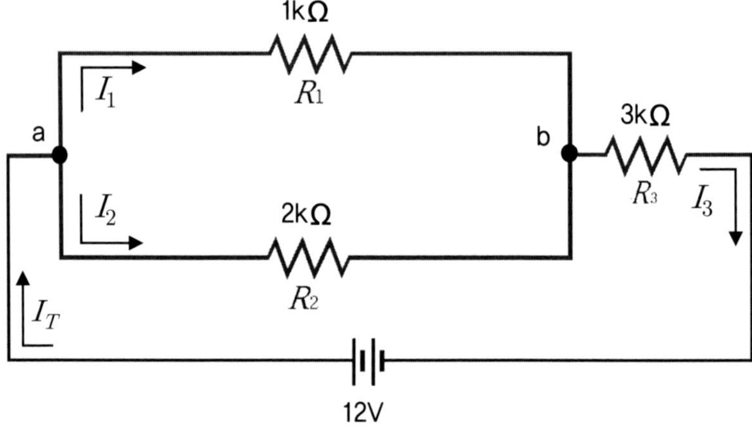

그림 1-12 저항의 직병렬 연결

그림 1-12는 3개의 저항으로 이루어진 직병렬 회로이다. 저항 R1=1[kΩ], R2=2[kΩ]은 병렬 연결되었고, 이 저항들과 R3=3[kΩ]가 직렬 연결되었다. 전체저항을 계산하는 공식은 다음과 같다.

$$\text{병렬 계산 : } R_{12} = \frac{1}{\frac{1}{R_1} + \frac{1}{R_2}} = \frac{R_1 \times R_2}{R_1 + R_2} = \frac{1 \times 2}{1+2} = \frac{2}{3}$$

$$\text{직렬 계산 : } R_T = R_{12} + R_3 = \frac{R_1 \times R_2}{R_1 + R_2} + R_3$$
$$= \frac{2}{3} + 3 = \frac{11}{3}\ [k\Omega]$$

이 회로에 12[V] 직류전원이 공급된다면, 병렬 연결된 R1, R2 저항에는 동일한 전압이 작용한다. 직류전원으로부터 유입되는 전류는 a분기점에서 나누어져서 R1, R2를 통과한 다음, b분기점에서 합쳐져 R3을 통해 흐른다. 옴의 법칙을 적용해 각 저항을 통해 흐르는 전류를 계산하면 다음과 같다.

$$I_T = \frac{E}{R_T} = \frac{12}{11000/3} = 3.27[mA]$$

$$R_1, R_2 : E_{12} = I_T \times R_{12} = 3.27[mA] \times \frac{2}{3}[k\Omega] = 2.18[V]$$

$$I_1 = \frac{E_{12}}{R_1} = \frac{2.18}{1000} = 2.18[mA]$$

$$I_2 = \frac{E_{12}}{R_2} = \frac{2.18}{2000} = 1.09[mA]$$

$$R_3 : E_3 = I_T \times R_3 = 3.27[mA] \times 3[k\Omega] = 9.82[V]$$

$$I_3 = I_T = \frac{E_3}{R_3} = \frac{9.82}{3000} = 3.27[mA]$$

$$\therefore\ I_T = I_1 + I_2 = 2.18 + 1.09 = 3.27\,[mA] = I_3$$

5 키르히호프의 법칙

5.1 키르히호프의 전압법칙

키르히호프의 전압법칙은 전기회로의 분석에 기본이 되는 중요한 법칙이다. 이 법칙은 폐회로에서 모든 전압의 합은 "0"이라는 것이다. 즉, 모든 전압강하의 합은 전체 전원전압과 같다. 이 법칙은 다음과 같이 나타낼 수 있다.

공급전원의 기호는 (+)이고 전압강하의 기호는 (-)이며 대수합은 "0"이 된다. 위 식은 다음과 같다.

$$E_1 - E_2 = V_1 + V_2 \cdots\cdots + V_N$$

그림 1-13에서는 키르히호프의 전압법칙의 기본개념을 설명하고 있다.

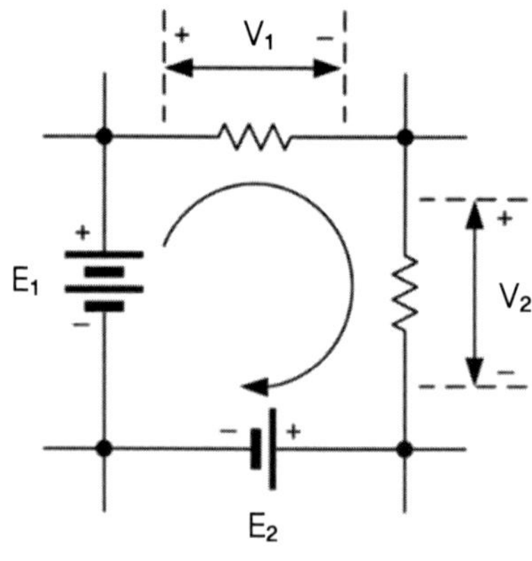

그림 1-13 키르히호프의 전압법칙

5.2 키르히호프의 전류법칙

키르히호프의 전류법칙은 임의의 교차점 안으로 유입되는 전류의 합은 교차점 밖으로 흐르는 전류의 합과 같다는 것이다. 즉, 키르히호프의 전류법칙은 그림 1-14와 같이 안으로 들어가는 전류의 합은 나가는 전류의 합과 같아야 한다는 것이다.

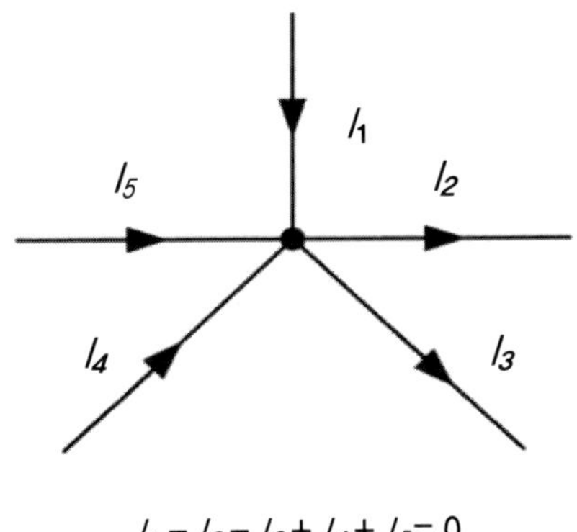

$I_1 - I_2 - I_3 + I_4 + I_5 = 0$

그림 1-14 키르히호프의 전류법칙

예를 들어, 그림 1-15에서 교차점 A안으로 들어오는 전원전류를 알고 있고 분기전류 중 2개를 알고 있다면 전류법칙을 적용하면 모르는 분기전류를 쉽게 계산할 수 있다.

$$I_T = I_1 + I_2 + I_3 \qquad 75 = 30 + I_2 + 20$$

$$I_2 = 75 - 30 - 20 = 25[mA]$$

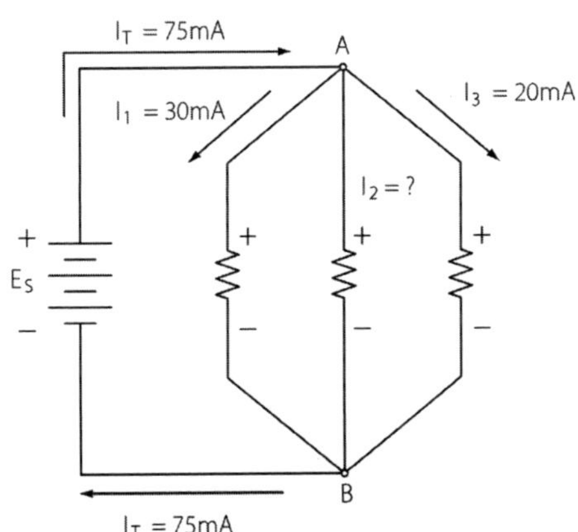

그림 1-15 분기전류의 계산

회로구성 소자

1. 기호의 이해
2. 저항
3. 콘덴서(Condensor)
4. 반도체(Semi-Conductor)
5. 다이오드(Diode)
6. 트랜지스터(Transistor)
7. CdS 광도전 셀(Photoconductive Cells)
8. 계전기(Relay)
9. 변압기(Transformer)
10. 스위치(Switches)
11. 회로보호장치
12. 인덕터(Inductor)

전기전자회로를 이해를 하려면 먼저 회로를 구성하고 있는 여러 소자들의 기호와 특성을 이해하는 것이 선결 문제이다.

1 기호의 이해

1.1 기호 1

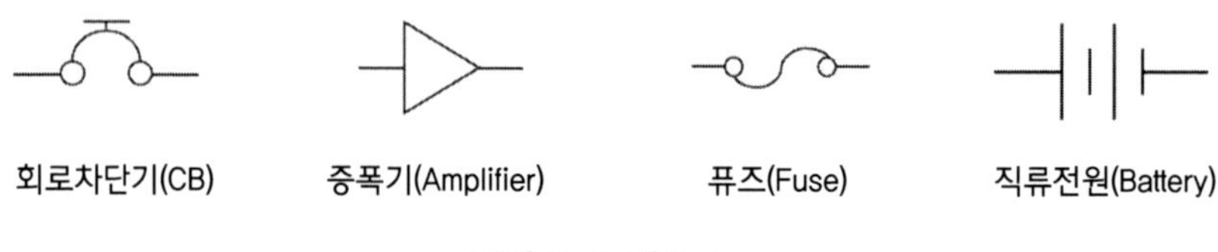

그림 2-1 기호 1

회로차단기(circuit breaker)에는 최대허용전류표시가 있으며 직류전원기호에서 좌측 수직선이 긴 쪽이 + 이고 짧은 쪽이 - 이다.

1.2 기호 2

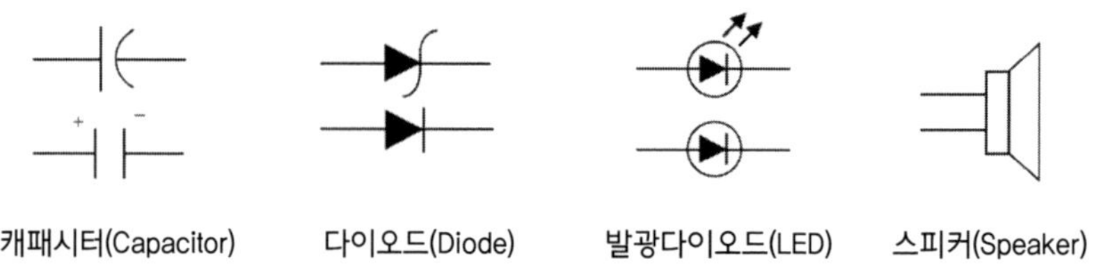

그림 2-2 기호 2

극성이 있는 캐패시터(capacitor)가 있으며 다이오드 상 그림은 제너 다이오드이다. 다이오드는 극성이 있으며 화살표 방향으로 전류가 흐른다는 의미이므로 좌측이 아노드 즉 + 단자이고 우측이 캐소드(-) 가 된다. 스피커에는 극성이 있는 것도 있다.

1.3 기호 3

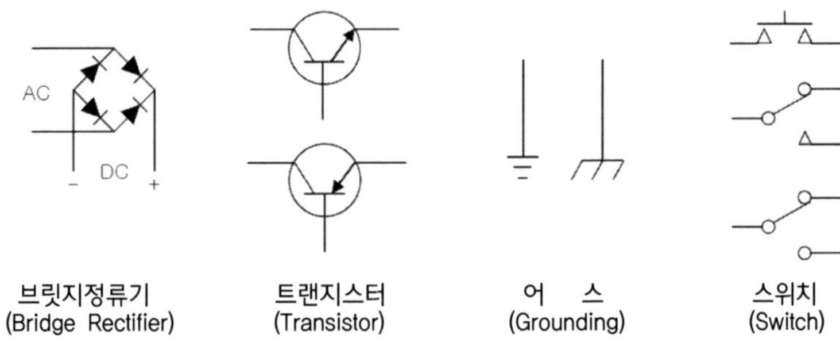

그림 2-3 기호 3

브릿지 정류기를 다이오드 브릿지라고도 한다. 그리고 이는 전파 정류기이다. 트랜지시터는 상위 그림이 NPN이고 아래 기호가 PNP이다. 어스(earth) 중에서 좌측은 일반적이 전기접지(electrical ground)이고 우측은 케이스 접지(case ground)이다. 여러 스위치에 따라 기호도 다양하다. 스위치 그림 중 맨 위의 그림은 푸쉬 버튼(push button) 스위치이고 중간 및 아래 그림은 SPDT(Single Pole Double Thru)이다.

1.4 기호 4

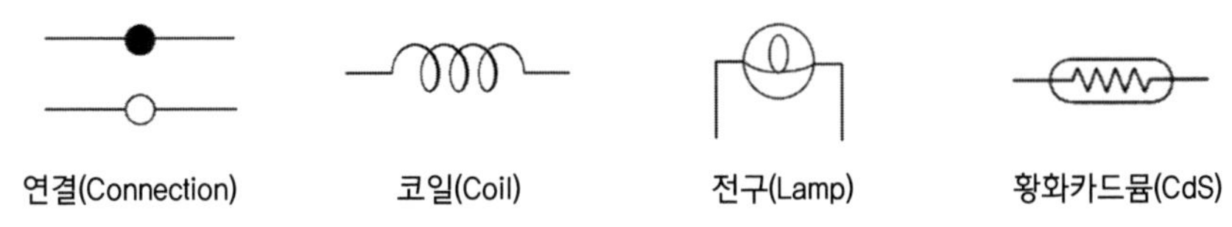

그림 2-4 기호 4

연결기호 그림 중에서 위쪽 그림 기호는 납땜연결(soldered connection)이고 아래쪽 그림의 기호는 스터트(stud) 또는 스크류 연결(screw connection)이다. CdS 광도전 셀(CdS Photoconductive Cells)은 황화 카드뮴을 주성분으로 하는 광도전 소자의 일종이며, 그 특징은 빛의 세기에 따라서, 내부 저항이 변화하는 일종의 저항기로 생각할 수 있다.

1.5 기호 5

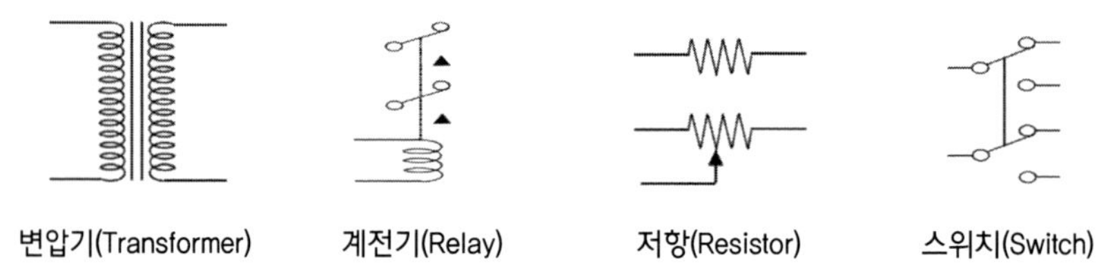

그림 2-5 기호 5

그림 2-5의 두 번째 계전기(relay)는 8pin 짜리이며, 저항 그림에서 위쪽 저항은 고정저항이며 아래 기호의 저항은 가변저항이다. 스위치는 DPDT toggle형이다.

1.6 환산계수

측정값을 표시하는 방법의 일환으로 접두사를 이용하여 기준 단위의 배수 또는 약수로 표현하고 있다.

표 2-1 환산계수

수(number)	접두사(premix)	환산계수
1,000,000,000,000	Tera	T
1,000,000,000	Giga	G
1,000,000	Mega	M
1,000	Kilo	K
100	Hecto	h
10	Deka	dk
0.1	Deci	d
0.01	Centi	c
0.001	Milli	m
0.000001	Micro	μ
0.000000001	Nano	n
0.000000000001	Pico	p

1.7 단위

물리적인 량을 표시할 때 적절한 단위를 표시하는 것이 중요하다. 대체적으로 국제 표준단위를 사용하고 있는데 아래 표 2-2는 전기계통 물리량과 관련된 단위이다.

표 2-2 물리량 단위와 기호

물리량	단위 이름	단위 기호
길이	Meter	m
무게(질량)	Kilogram	Kg
전류	Ampere	A
저항	Ohm	Ω
전압	Volt	V
전력	Watt	W
시간	Second	s
절대온도	Kelvin	K
광도	Candela	cd
컨덕턴스	Siemens	S
캐패시턴스	Farad	F
주파수	Hertz	Hz
에너지. 일	Joule	J
자속	Weber	Wb
자속밀도	Tesla	T
힘	Newton	N

2 저항

저항(resistor)이란 전기회로에서 자유전자 즉 **전류의 흐름을 방해하는 성질**을 말한다. 회로에서 전류가 흐르기 위해서는 전압이 전자의 이동을 방해하는 힘(저항)보다 크거나 아니면 저항이 적을 때 전류가 흐른다. 저항의 역할은 전기 회로 안에서 전압을 낮추거나 전자의 흐름을 제어하는 부하목적으로 사용한다. 저항들을 직렬 또는 병렬 등으로 연결하여 회로를 구성한다.

2.1 저항의 단위 및 기호

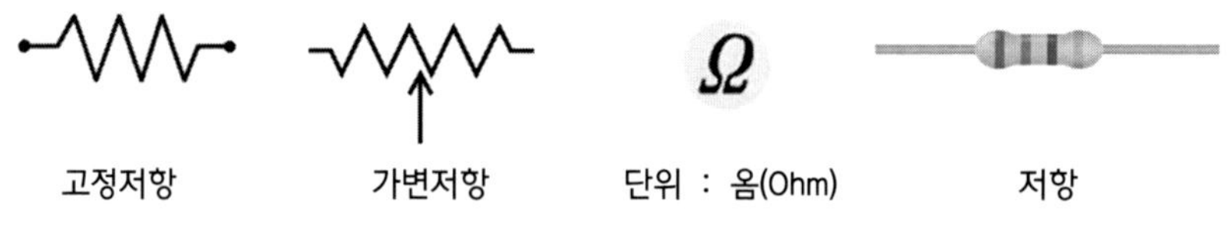

그림 2-6 저항의 기호, 단위 및 실물 사진

2.2 저항의 특성

전류가 흐를 때 전자와 원자의 충돌로 인해 흐름에 방해를 받으며 이를 저항이라고 한다. 이런 전자와 원자의 충돌은 열을 발생시킨다. 회로에서는 저항의 이런 성질을 이용해 전류의 흐름을 제한하거나 제어한다.

저항에 영향을 주는 요인은 재료의 종류, 도체의 길이, 도체의 단면적, 주변온도 등이다. 대부분의 금속은 다수의 자유전자를 가지고 있기 때문에 전류를 잘 흐르게 하는 우수한 도체이다. 알루미늄은 구리보다 저항은 조금 크지만 무게가 가볍고, 가격도 저렴하기 때문에 항공기 전선으로 많이 사용한다.

도체의 저항은 길이에 비례한다. 만약 길이가 1[ft]이고 저항이 1[Ω]인 도체의 양쪽 끝단에 1[V]의 전압을 가한다면, 1[A]의 전류가 흐르게 된다. 만약 도체의 단면적은 같고 길이가 2배 더 길어지면, 저항은 2배가 되고 전류는 0.5[A]로 1/2배 감소할 것이다.

도체의 저항은 단면적에 반비례한다. 도체의 단면적이 2배가 되면, 전자와 원자의 충돌 영향이 감소하게 되므로 저항이 1/2배로 줄어든다.

도체의 저항은 주변온도에도 영향을 받는다. 탄소와 같은 일부 물질은 주변온도가 상승하면 저항은 감소하기도 하지만, 도체로 사용되는 대부분의 재료는 온도가 상승하면 저항도 증가한다. 온도 1[℃] 상승할 때 도체의 저항 증가율을 저항온도계수라고 한다. 구리의 저항 온도계수는 약 0.00427[Ω]이며 0[℃]의 온도에서 50[Ω]의 저항을 가진 구리전선은 1도 상승할 때마다 50×0.00427 = 0.214[Ω]씩 저항이 증가한다.

$$R = \frac{(\rho \times l)}{A}$$

R = 저항
ρ = 물질의 고유저항계수
l = 길이
A = 단면적($circular\ mils$)

표 2-3은 몇 가지 재료의 저항온도계수를 보여주고 있다.

표 2-3 저항온도계수

전도체	저항온도계수(20℃에서 저항계)
은	1.64×10-8
구리	1.72×10-8
알루미늄	2.83×10-8
텅스텐	5.50×10-8
니켈	7.80×10-8
철	12.0×10-8
콘스탄탄	49.0×10-8
니크롬 II	110×10-8

저항의 특성을 요약하면 다음과 같다.

① 물질의 종류에 따라 전기저항도 다르다.

② 물질의 단면적이 클수록 전기저항의 값은 작아진다.

③ 물질의 길이가 길수록 전기저항의 값은 커진다.

④ 물질의 온도가 높아지면 전자의 진동이 격렬해져서 전자가 전류로서 이동할 때 원자와의 접촉 및 충돌도 전자 운동이 방해를 받아 전기저항이 증가한다.

2.3 저항의 식별(Resistor Identification)

저항을 정확한 값으로 제조하는 것은 매우 어렵다. 실제 저항 값은 저항에 기록된 값보다 약간의 오차를 가진다. 저항에 표시된 값과 실제 값 사이의 오차(%)를 "허용오차"라고 한다. 5% 허용오차인 저항은 색표지로 표시된 기준 값에 ±5% 범위를 가진다.

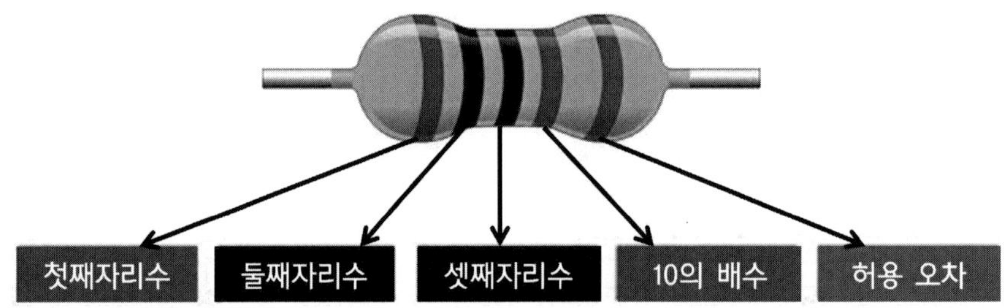

색깔	숫자	배수	오차
검정	0	10^0=1	
갈색	1	10^1=10	1%
빨강	2	10^2=100	2%
주황	3	10^3=1000(1K)	
노랑	4	10^4=10,000(10K)	
녹색	5	10^5=100,000(100K)	
파랑	6	10^6=1,000,000(1M)	
보라	7	10^7=10,000,000(10M)	
회색	8	10^8=100,000,000(100M)	
흰색	9	10^9=1,000,000,000(1G)	
금색	–		5%
은색	–		10%

그림 2-7 저항값 색 표시

전기회로에 사용되는 소형의 저항기는 대개 색띠로 저항값을 표시하는데, 색깔에 의한 정격 표시는 KSC0802에 의하여 정격값과 그 허용 오차를 나타내고 있다. 4밴드, 5 밴드, 6 밴드가 있다. 6 밴드는 5 밴드에서 끝에 온도계수가 표시된 것이고 나머지는 같다.

상기 그림의 저항을 계산을 해보면 다음과 같다. 첫 번째 색깔은 빨강(2), 두 번째 색깔은 검정, 세 번째 색깔도 검정이고 네 번째 색깔은 빨강(10의 2배수) 그리고 오차를 나타내는 네 번째 색깔이 갈색(1%)이므로 그림의 저항값은 20[kΩ]±1%가 된다.

2.4 저항기의 허용 오차 및 전력정격

허용오차 : +/- 5 %, 10 %, 20 % …… 전력정격은 열을 허용 또는 전달 할 수 있는 최대 전류 값으로 watt로 다음과 같이 표시한다. 1/16, 1/8, 1/4 [watt]

1/16, 1/8, 1/4 [watt]

2.5 저항기의 종류

저항기는 크게 고정 저항기(fixed resistor)와 가변 저항기(variable resistor)로 구분하며, 사용하는 재료에 따라 탄소계와 금속계로 분류된다.

2.5.1 고정 저항기(Fixed Resistor)

고정 저항의 구조는 세라믹 봉에 저항재료를 균일하게 침전시켜 제작한다. 탄소피막저항은 흑연, 금속박막저항에 니켈크롬합금, 메탈글레이즈저항은 금속과 유리, 금속산화물저항은 금속과 산화절연물로 이루어진다.

일반적인 고정저항의 종류는 다음과 같다.

- 탄소피막(carbon film).
- 금속산화물(metal oxide).
- 금속피막(metal film).
- 메탈글레이즈(금속 분말을 유리 속에 분산시키고 세라믹 등으로 표면을 코팅한 것)

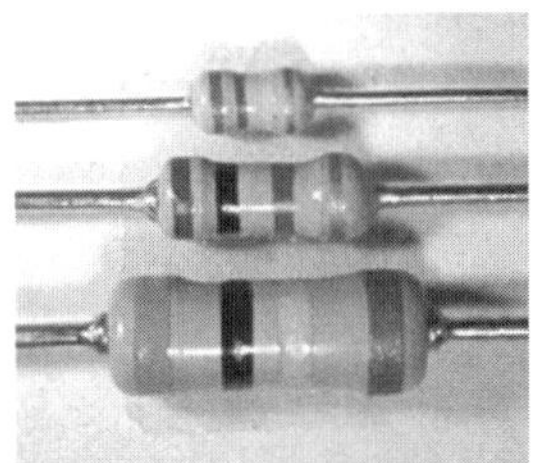

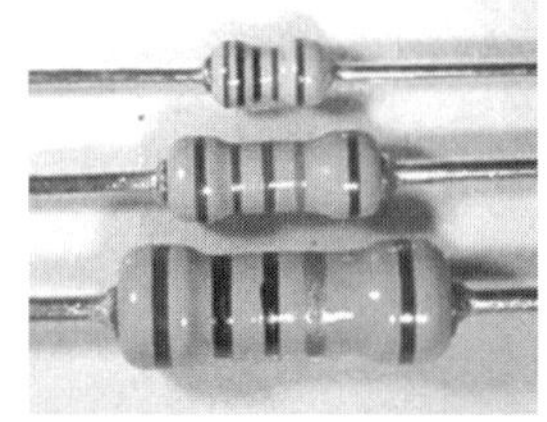

그림 2-8 탄소피막저항기와 금속피막저항기

2.5.2 가변 저항기(Variable Resistor)

그림 2-9는 일반적으로 사용되는 가변저항과 그 기호를 보여주고 있다. 그림 2-10에서 슬라이드 암이 점 A에서 점 B로 이동하면, 전류가 통과해야하는 저항이 길어지기 때문에 가변저항 AC의 저항은 증가하며, 회로에 흐르는 전류는 감소한다. 반대로 만약 슬라이드 암이 점 A쪽으로 이동한다면, 전체저항은 감소하며 회로에서의 전류는 증가한다.

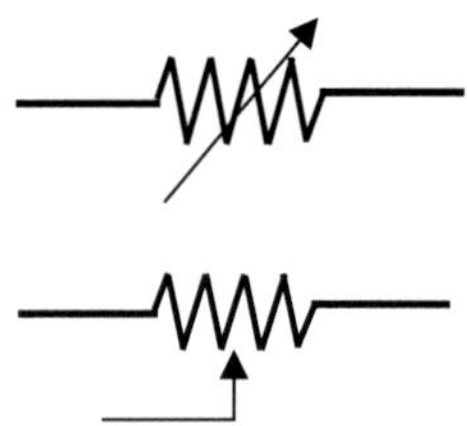

그림 2-9 가변저항과 회로기호

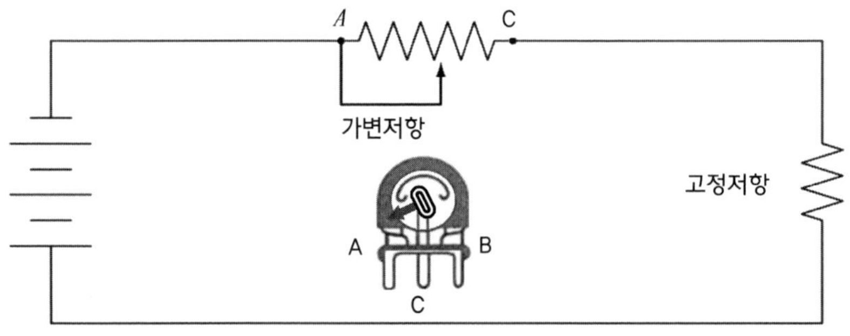

그림 2-10 가변저항의 동작

3 콘덴서(Condensor)

콘덴서는 전기회로에서 전기적 위치 에너지를 저장하는 축전지 즉 전기를 저장할 수 있는 소자로서 캐패시터(capacitor)라고도 한다. 산업 전반에 걸쳐 콘덴서란 용어와 함께 혼용한다. 생활 주변에서 흔히 볼 수 있는 재충전할 수 있는 배터리도 콘덴서의 일종이다. 이러한 콘덴서는 아주 작은 용량의 전기량을 축적할 수 있으나 전자회로에서는 없어서는 안 될 중요한 수동소자 중의 하나이다.

3.1 콘덴서의 정전용량에 영향을 주는 요소

콘덴서(capacitor)는 유전체라 불리는 부도체에 의해 분리된 2개의 얇은 판으로 만들어진다. 이렇게 만들어진 콘덴서는 전기를 저장하는 능력을 갖게 된다.

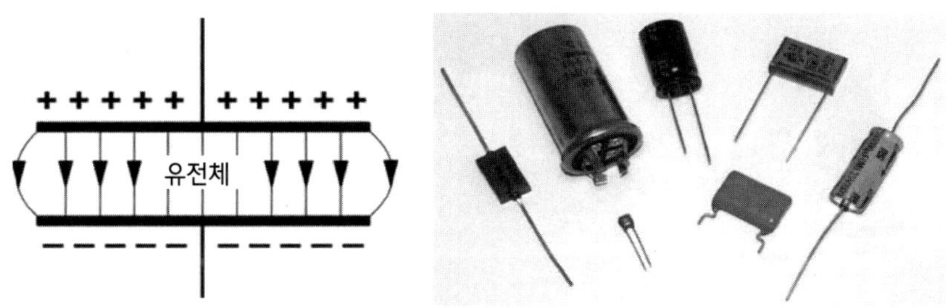

그림 2-11 콘덴서의 구조와 종류

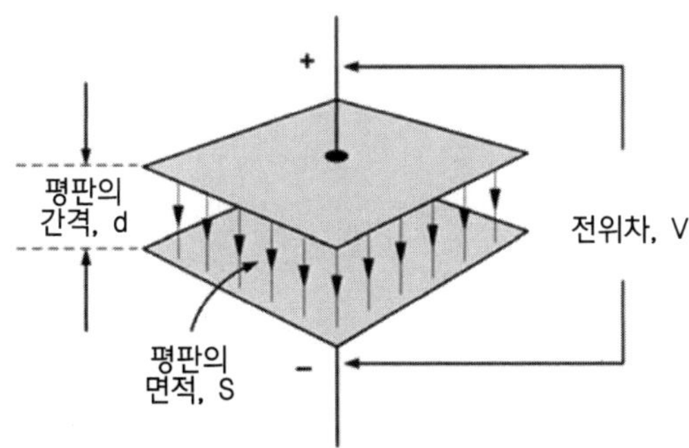

그림 2-12 정전용량에 영향을 주는 요소

콘덴서는 여러 가지 모양과 크기로 만들어 지며, 종류에 따라 다양한 정전용량을 가진다. 정전용량을 나타내는 단위로는 패럿(F)을 사용한다.

콘덴서의 정전용량에 영향을 주는 요소는 다음과 같다.

- 평판의 면적에 비례
- 평판사이의 간격에 반비례
- 유전체의 유전율에 비례

또한 교류일 때는 주파수의 영향을 받는다.

3.2 콘덴서의 종류

콘덴서는 고정콘덴서와 가변콘덴서로 분류된다. 일정한 정전용량을 갖는 고정콘덴서는 유전체의 종류에 따라 세분되는데, 종이콘덴서(paper capacitor), 오일콘덴서(oil capacitor), 운모콘덴서(mica capacitor), 전해콘덴서(electrolytic capacitor), 세라믹콘덴서(ceramic capacitor) 등이다. 그림 2-13은 고정콘덴서와 가변콘덴서에 대한 기호이다.

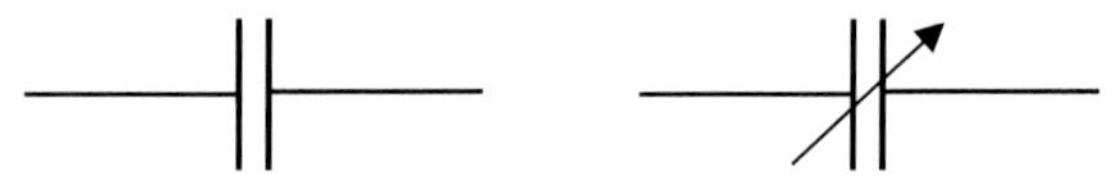

그림 2-13 고정콘덴서와 가변콘덴서의 기호

콘덴서의 기호는 각 나라마다 다르며(우리나라는 모두 사용) 극성이 있는 것은 그림 2-14의 기호(symbol)와 같이 극성을 표시한다. 다리(leg)가 긴 쪽이 +극성이다.

가변콘덴서(variable capacitor)는 주로 무선동조회로에 사용되기 때문에 "동조(tuning)커패시터"라 부르기도 한다. 가변콘덴서는 일반적으로 100~150[㎊] 정도의 작은 정전용량을 갖는다. 가변 콘덴서의 종류는 미세조정용으로 사용되는 트리머(trimmer)와 역방향 바이어스식(reverse- biased) 다이오드를 이용한 전압가변콘덴서인 바렉터(varactor)가 있다.

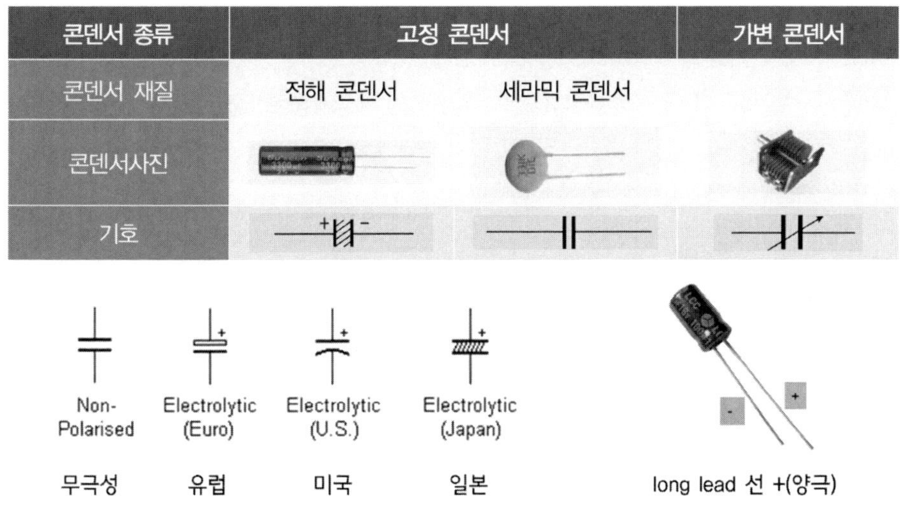

콘덴서 종류	고정 콘덴서		가변 콘덴서
콘덴서 재질	전해 콘덴서	세라믹 콘덴서	
콘덴서사진			
기호			

그림 2-14 콘덴서 기호 및 종류

3.3 콘덴서의 역할 및 단위

① 역할 : 축전지로서 전기를 축적(위치 에너지)하는 기능과 회로에서 직류전기(DC) 차단하고 교류 전기는 통과시키는 역할을 한다. 그래서 전자 회로용 전원의 평활회로나 바이어스를 가할 때 직류전압에 남아있는 맥류성분을 제거하기 위한 용도로 사용하기도 한다.

② 단위 : 기능콘덴서의 단위는 패럿(F)을 쓴다. 일반적으로 콘덴서에 축적되는 전하의 용량은 매우 작기 때문에 마이크로 패럿[μF]이나 피코 패럿[pF]의 단위가 사용된다.

3.4 콘덴서의 구조

콘덴서의 기본구조는 유전체와 전극이다. 일반적인 구조는 알루미늄 혹은 탄탈의 얇은 막에 전기 화학적으로 산화 피막을 만들고 금속박을 양극(+)으로 산화피막을 유전체 혹은 전해액을 사용하여 이를 음극(-)으로 한 것이다. 그림 2-15는 양측 전극 사이에 유전체가 삽입된 것이다.

그림과 같이 콘덴서에 직류 전압을 걸면, 각 전극에 전하가 축적되며, 축적되고 있는 도중에는 콘덴서를 통해 전류가 흐른다. 그러나 콘덴서의 용량만큼 축적이 되면 더 이상 전류는 흐르지 않는다. 결국, 직류 전압이 콘덴서에 가해지면 순간적으로 전류가 흐르지만 잠시 후에는 흐르지 않는 특성을 이용하여 직류 차단의 용도로 사용된다.

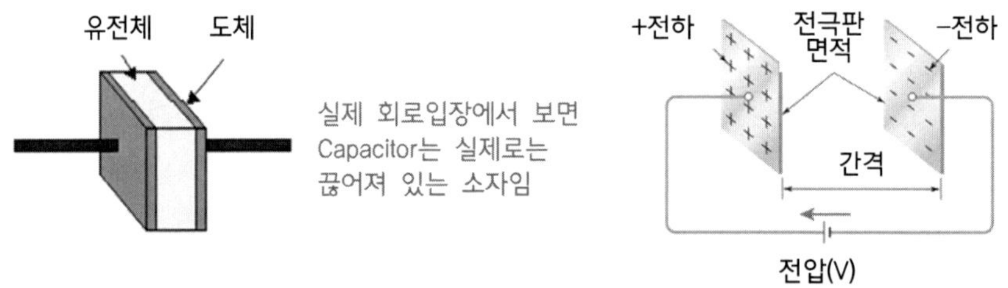

그림 2-15 콘덴서(Condenser)의 구조

콘덴서의 용량을 증가시키기 위해서는 서로 마주 보는 면적이 넓도록 하여야 많은 양의 전기를 축적할 수 있기 때문에, 아래 그림과 같이 적층형이나 두루마리형으로 만들며, 수십 개의 소자를 병렬로 결선하여 필요한 용량을 만든다. 콘덴서가 전기를 저장하는 기본 원리는 유전체의 분극현상에 있다.

유전체 분극현상은 절연체에 전기장을 가할 때 한쪽에는 양전하가 많게 되고 다른 한쪽에는 음전하가 많아져 양전하와 음전하가 나뉘는 현상을 말한다.

3.5 콘덴서 용량 읽기

3.5.1 직접 읽기

전해콘덴서나 탄탈콘덴서는 직접 몸체에 표시되어 있으므로 직접 읽으면 된다.

전해 콘덴서 / 탄탈 콘덴서		
	정전용량	22[μF]
	정격전압	450[V]
	극성표시	리드선이 긴 쪽이 +

그림 2-16 콘덴서 용량표시

3.5.2 문자+숫자 조합된 표시 읽기

정전용량은 콘덴서의 몸체의 3개의 숫자 중에서 앞의 두 자리는 값(정수), 세번째 숫자는 10의 배수를 나타내며, 용량의 단위는 [pF]이다. 허용오차는 한 개의 문자로 나타내고 10[pF] 이상은 [%], 10[pF] 이하는 [pF]으로만 표시한다. 정격전압은 숫자와 문자의 조합으로 표시하며, 단위는 [V]이다. 표시가 없는 것은 일반적으로 50[V]를 나타낸다.

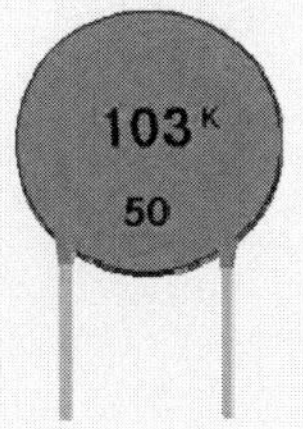

세라믹 콘덴서		
103K 50	정전용량	$10 \times 10^3 = 0.01[\mu F]$
	정격전압	50[V]
	극성표시	무극성
	허용오차	K=10% 이내(J:5%, M:20%)

그림 2-17 콘덴서 읽기

3.6 콘덴서(Capacitance)의 점검실습

그림 2-18은 저항계를 이용한 커패시터의 점검 방법을 보여준다. 일반적으로 커패시터는 보통 두 가지 결함이 발생한다. 한 가지는 절연파괴로 인한 단락이고, 다른 결함은 커패시터의 퇴화로 인한 변질이다.

만약 결함이 예상되면, 회로로부터 커패시터를 분리해서 저항계로 점검한다. 첫 번째 단계는 커패시터의 2개 도선을 단락시켜 완전히 방전시킨다. 그 다음으로 그림 2-18과 같이, 커패시터에 저항계의 2개 리드 선을 연결하고 바늘의 움직임을 관찰한다. 처음에는 단락을 지시하며, 커패시터가 충전됨에 따라, 바늘은 왼쪽 또는 무한대로 움직여 개방상태를 지시한다.

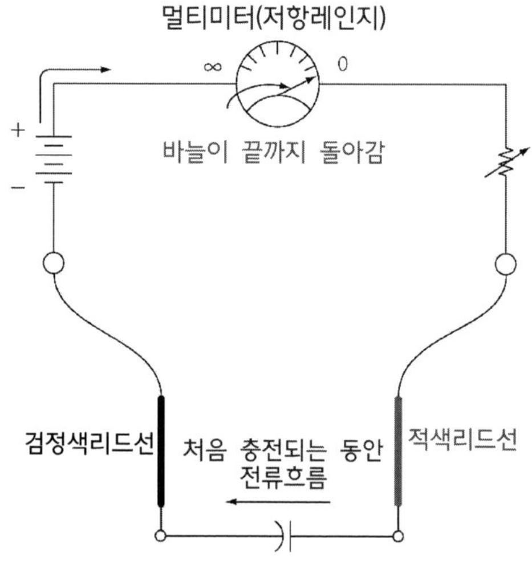

그림 2-18 콘덴서의 충전과정

커패시터는 저항계의 내부축전지에 의해 충전되며, 정전용량이 클수록, 더 오랜 시간이 걸린다. 만약 커패시터가 단락되었다면, 바늘은 매우 낮은 저항 값이나 단락상태를 지시할 것이다. 만약 전해액이 변질되었다면, 바늘은 중간에 멈춰서 무한대의 저항이나 개방상태에 도달하지 못한다.

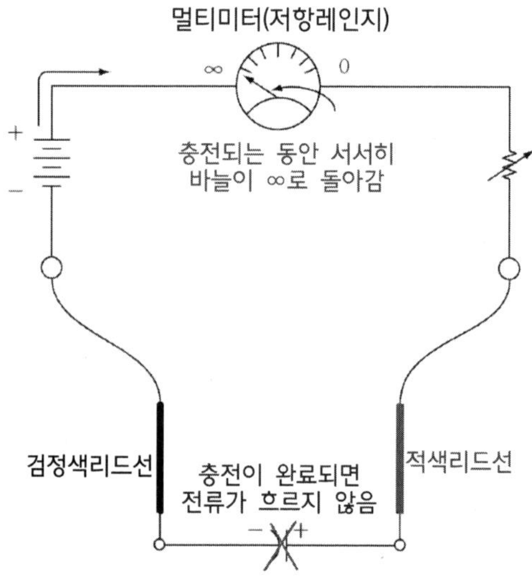

그림 2-19 콘덴서의 충전완료 상태

4 반도체(Semi-Conductor)

반도체 및 향후 트랜지스터, 다이오드 등을 이해하려면 먼저 반도체를 이해를 해야 되고 반도체를 이해를 하려면 물질의 기본 구성 요소인 원자와 전자를 이해를 하여야 한다. 이 교재에서는 실습을 위한 소자를 이해하는 것이기에 깊은 설명은 지양하고 소자 관련해서 간단히 설명한다.

4.1 물질의 구성인 원자와 전자 이해

모든 물질 구성의 기본 요소가 원자이고 원자 주의를 돌고 있는 전자는 전기를 흐르게 하며 반도체에 다른 물질을 섞어서 조절하면 전기가 통한다. 원자의 구성은 다음과 같다.

원자 = 원자핵 (중성자 + 양성자) + 전자 (가전자/자유전자)

그림 2-20에서 원자핵의 가장 바깥 궤도에 존재하는 전자를 가전자라 하며 이 가전자는 원자핵에서 멀리 떨어져 있어 구속력이 약하므로 외부의 자극(빛. 열. 전기등의 에너지)을 받으면 다른 전자보다 쉽게 전자궤도를 이탈하게 된다.

외부의 자극에 의해 원자핵에서 이탈된 가전자를 자유전자(free electron)라 표현하며 전기의 본질은 바로 이 자유전자의 이동으로 생각하면 된다. 모든 물체는 전기적 중성(양성자 수 = 전자의 수)이었다가 전자를 잃거나 얻음으로서 + 전기나 - 전기를 띠게 된다.

바깥궤도에 존재하는 전자는 최대 8개까지 될 수 있으며 가전자가 1~3개인 원자는 가전자 3개를 버리고 8개로 안정하려고 하고 가전자가 5~7개인 원자는 전자를 얻어 가전자가 8개가 되어서 화학적으로 안정하려는 성질이 있다.

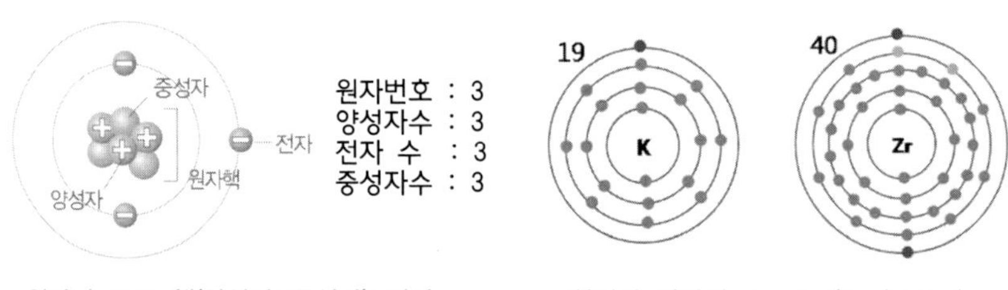

원자의 구조=핵(양성자+중성자)+전자

최외각 전자의 수 :2／8／18／--

그림 2-20 원자의 구조

4.2 반도체 정의

전기를 기준으로 하면 전기가 통하는 도체(導體)와 전기가 통하지 않는 부도체(不導體)가 있다. 백금 구리 등 금속물질은 전기가 잘 통하는 도체고 나무바위 옷감 등은 부도체다. 사람들은 오랫동안 자연에 도체와 부도체만 있는 줄 알았다. 도체와 부도체의 중간에 반도체(半導體)가 존재한다는 사실을 알게 된 것은 비교적 최근의 일이다.

① 도체(conductor): 최외각 자유전자 1~3개로 쉽게 이탈, 전류가 잘 흐른다.

② 부도체: 최외각 전자가 5~8개이기에 원자핵과 전자의 결합이 강하여 전자의 이탈이 어려워 전류가 잘 흐르지 못한다.

③ 반도체(semi-conductor): 최외각 전자가 4개이기 때문에 공유결합을 하고 있어서 전류가 흐르기 어렵지만 별도의 다른 원소 즉 13족-비소(As), 15족-인(P)을 추가하여 P형, N형 반도체 성격을 가지게 된다. Si(실리콘), Ge(게르마늄)등이 있다. 반도체는 말 그대로 도체와 부도체의 중간특성을 가진 물질로 실리콘(Si), 게르마늄(Ge) 등이 여기에 속한다. 자유전자를 가진 물질만 전기가 통하고 자유전자가 없는 부도체는 전기가 안 통한다. 반면 반도체에는 평상시에 자유전자가 없으나 반도체에 열을 가하거나 특정한 불순물을 넣으면 자유전자가 조금 생겨나 전기가 통하게 된다. 반도체를 이용한 트랜지스터가 발명되기 전까지는 전류의 흐름을 조절하기 위해 진공관을 사용했다.

4.3 반도체의 재료 및 종류

4.3.1 N 형 반도체 : 실리콘(Si=14, 가전자:4개)+비소(As=32, 가전자:5개)

실리콘(Si)과 같은 순수 반도체 재료에 V족 비소 또는 인(As or P)을 소량 넣어주면 규소의 가전자 4개와 비소의 5개중 가전자 중 4개가 8개로 안전하게 결합하고 자유전자가 하나 남는 상태가 되어 - 성질을 갖는다. 이 상태에서 실리콘에 전압을 걸러주면 제자리를 못 찾은 이 전자가 자유전자가 되며 전류가 흐르게 된다. 비소가 실리콘에 전자를 제공하기 때문에 비소를 도너(donor)불순물이라 한다.

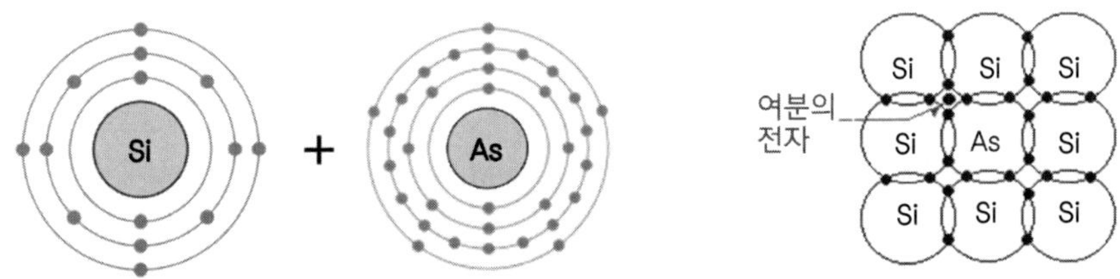

Si(규소. 14번. 가전자 4개)+As(비소. 33번 가전자 5개)=전자 1개(-전기적 특성)

그림 2-21 N형 반도체

4.3.2 P형 반도체 : 실리콘(Si=14, 가전자:4개)+붕소(B=5, 가전자:3개)

실리콘(Si)과 같은 순수 반도체 재료에 III족 붕소 또는 인듐(B or In)을 소량 넣어주면 규소의 가전자 4개와 붕소의 3개 가전자가 결합하여 실리콘 가전자 1개가 결합하지 못하여 정공(hole)이 생겨 결국은 (+) 성질을 갖는 P형 반도체가 된다. 붕소나 인듐을 acceptor라고 한다. 이 상태에서 실리콘에 전압을 걸어주면 전류가 흐르게 되는 것이다.

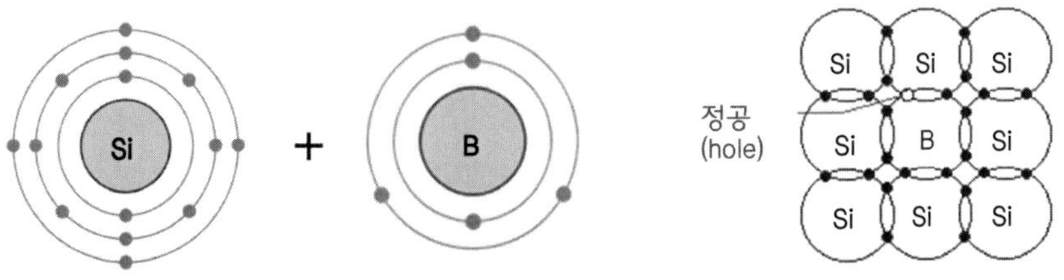

Si(규소. 14번. 가전자 4개)+B(붕소. 5번 가전자 3개)=정공(Hole) 1개(+ 전기적 특성)

그림 2-22 P형 반도체

5 다이오드(Diode)

다이오드는 P형 반도체와 N형 반도체를 접합하여 만든 반도체 소자로서 PN 접합 다이오드는 전류가 순방향 즉 P형 영역에서 N형 영역으로 오직 한쪽 방향으로만 통하고, 그 반대 방향으로는 전류가 흐르지 않는 특징으로 회로를 보호하기 위한 역전류 방지 및 정류의 목적으로 사용한다.

5.1 다이오드 기호

앞에서 설명한 바와 같이 P형 반도체와 N형 반도체를 접합하면 극성에 따른 전류 흐름 방향 특성을 가진다. PN 접합 다이오드는 교류에서 한쪽 방향으로만 전류가 흐르도록 허용하는 정류특성을 가지며, 이 때문에 정류기라 부르기도 한다.

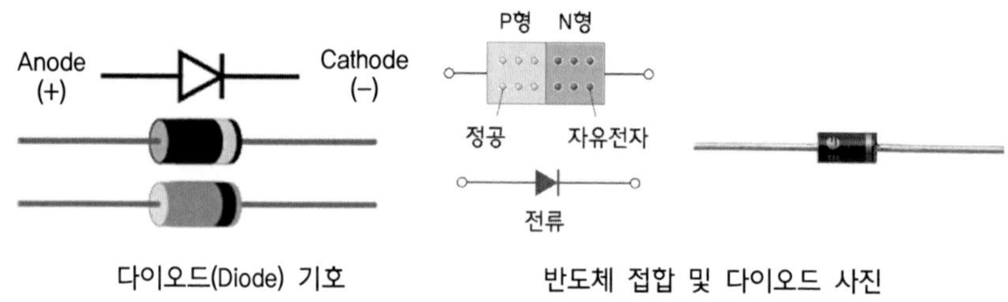

그림 2-23 다이오드 기호 및 사진

5.2 다이오드의 특징

다이오드의 순방향 바이어스 때의 저항값은 아주 작고, 역방향 바이어스 때의 저항값은 매우 크다. 즉 순방향의 저항값 : 0Ω 역방향의 저항값 : $\infty\Omega$이다. 이와 같은 PN 접합 다이오드의 대표적 특성을 정류작용이라고 한다. 정류(rectification)란 양방향 전류를 단방향 전류로 변환하는 것으로 AC가 다이오드를 통과하면 DC 성분을 갖는 전기로 변화한다.

5.3 다이오드의 동작

PN 접합형 다이오드에 순방향(P형에 + 전원, N형에 - 전원)으로 0.7V직류 전압을 하는 경우 전자이동이 이루어지고 이는 전류가 흐르는 것이다. 그러나 역방향으로 즉 P형에 - 전원 그리고 N형에 + 전원을 가하는 경우 전자의 이동이 없으므로 더 이상 전류가 흐르지 않는다.

전자가 이동한다

전류가 흐른다

(1) 순방향 전압을 가한 경우

전자가 이동하지 않는다

전류가 흐르지 않는다

(2) 역방향으로 전압을 가한 경우

그림 2-24 다이오드의 동작

5.4 다이오드의 작동원리

① P형의 정공과 N형의 전자가 접합영역에서 결합하여 공핍층 생성 - 이곳은 정공이나 전자와 같은 캐리어가 없는 절연 영역임(아래 그림에서 공핍층). 전자나 정공이 공핍층을 통과하기 위해서는 일정 이상의 전압(실리콘 : 0.7V, Ge : 0.3V)이 필요하며 이 전압을 전위장벽이라 한다. 아래 그림에서 현재 전원이 off 상태에서는 두꺼운 공핍층으로 높은 절연영역을 이루고 있다.

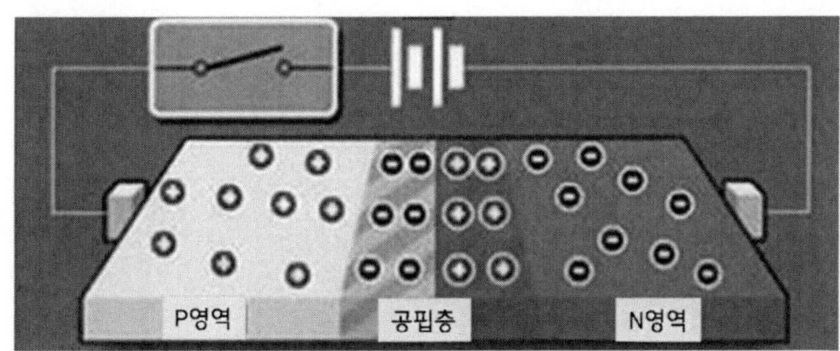

다이오드에 전원 인가 전(power off)

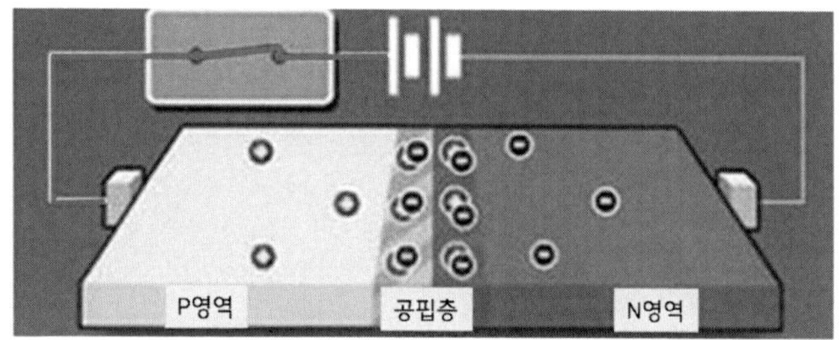

다이오드에 전원 인가 후(power on)

그림 2-25 다이오드 작동원리(상: power off, 하: 순방향 power on)

② 상기 하단에 그림과 같이 다이오드 양단에 순방향으로 전압을 가하면(순방향 바이어스라고 함) 양전위가 가해진 p형의 정공이 n형으로 이동하고 음전위가 가해진 n형의 전자가 p형으로 이동하며 공핍층이 축소됨과 동시에 정공과 전자(캐리어)의 이동이 원활하여 전류가 흐르게 된다.

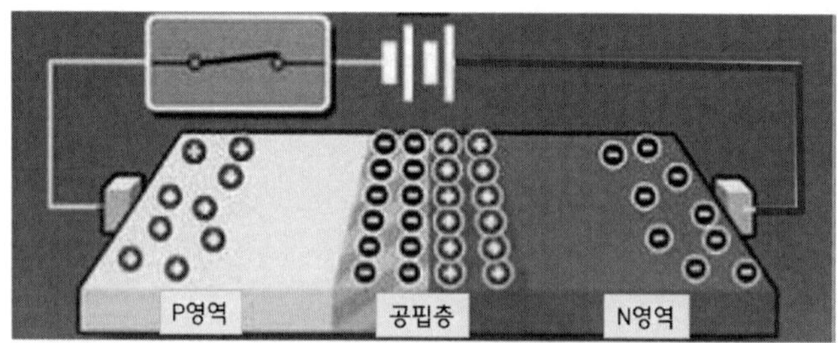

다이오드에 역방향 전원 인가 후(power on)

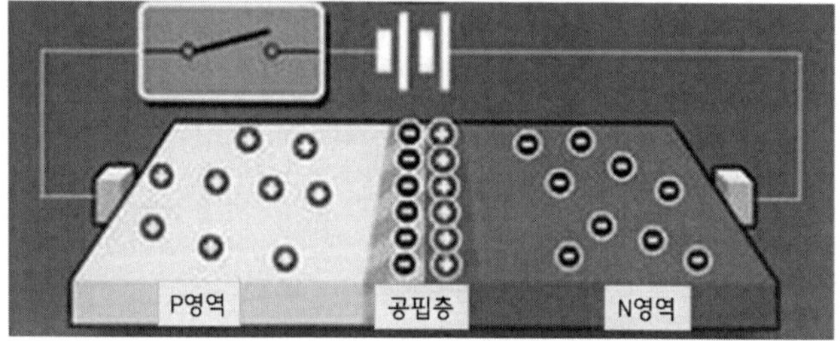

다이오드에 역방향 전원 인가 전(power off)

그림 2-26 다이오드작동원리 (상: power off, 하: 역방향 power on)

③ 상기 그림과 같이 다이오드 양단에 역방향으로 전압을 가하면(역방향 바이어스라고 함) 음전위가 가해진 p형의 정공이 전원쪽으로 이동하고 양전위가 가해진 n형의 전자도 전원쪽으로 이동하며 공핍층이 전원 가하기 전보다 증가된다. 이

는 가해진 전압의 크기가 클수록 공핍층은 더욱 넓어져서 공핍층을 통과하는 캐리어의 이동이 원활하지 못하여 전류가 흐르지 못함.

5.5 다이오드의 양부 시험(Diode Check)

다이오드 결함은 대부분 과열로 인한 반도체 재료에 결함을 주기 때문에 발생하는 것으로 보통 단락이 되거나 개방된다. 과열은 반도체에서 물질의 원자와 분자 구조를 치명적으로 재배열하게 되어 이러한 현상이 발생한다.

다이오드 양부를 확인하는 방법은 멀티 미터로 다이오드를 순방향과 역방향으로 연결하여 저항을 측정하는 것이 다이오드 양부 시험의 기본이다.

① 멀티 미터의 +(적색) 단자를 다이오드 아노드에 -(검정색) 단자를 다이오드 캐소드에 연결한다.

② 다이오드는 순방향 바이어스 상태가 되어 그림 2-27과 같이 저항 값이 매우 작아진다(거의 0Ω에 가깝다).

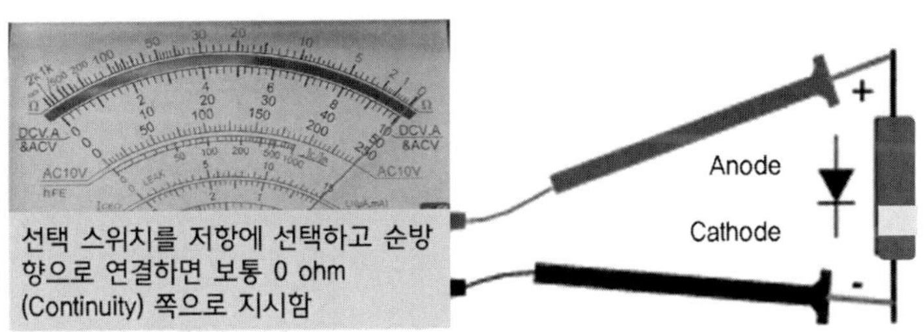

그림 2-27 다이오드 순방향 연결 및 저항 지시

③ 멀티 미터의 +(적색) 단자를 다이오드 캐소드에 -(검정색) 단자를 다이오드 아노드에 연결한다.

④ 다이오드가 역방향 바이어스 상태로 되어 저항 값이 매우 커서 (거의 ∞Ω) 미터의 바늘이 그림 2-28과 같이 거의 움직이지 않는다.

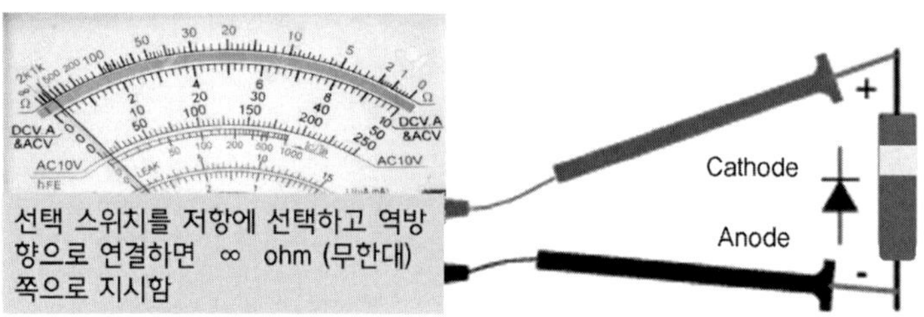

그림 2-28 다이오드 역방향 연결 및 저항 지시

5.6 다이오드의 정류작용(Rectifier)

순방향으로 전류가 흐르는 성질을 이용하여 교류를 직류(맥류)로 변환시키는 다이오드를 정류다이오드라 한다.

5.6.1 반파 정류

다이오드 한 개에 교류전압을 입력으로 하고 하나의 정류용 다이오드를 연결하면 다이오드에 순방향으로 전압이 입력되는 경우에만 신호가 통과하고 역방향으로 걸리게 되면 다이오드를 통고하지 못하는 것을 반파 정류회로와 출력파형을 나타내고 있다.

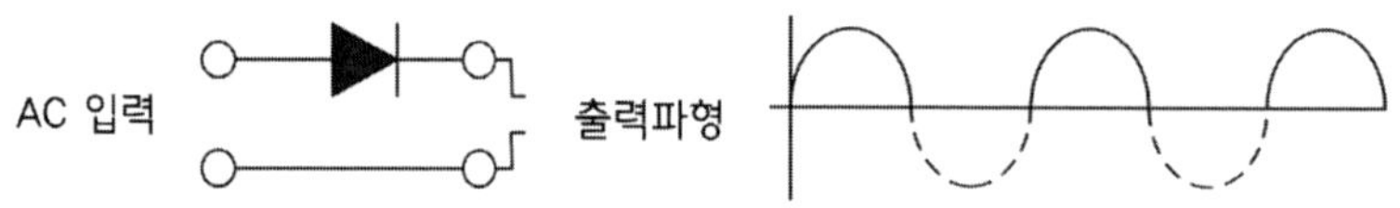

그림 2-29 반파 정류기와 출력 파형

5.6.2 단상 전파 정류

교류신호가 + 와 - 전압 크기에도 다이오드를 통과하여 출력으로 나타나도록 구성. 4개의 다이오드를 브리지 접속하여 구성한 회로와 출력파형을 나타내고 있다.

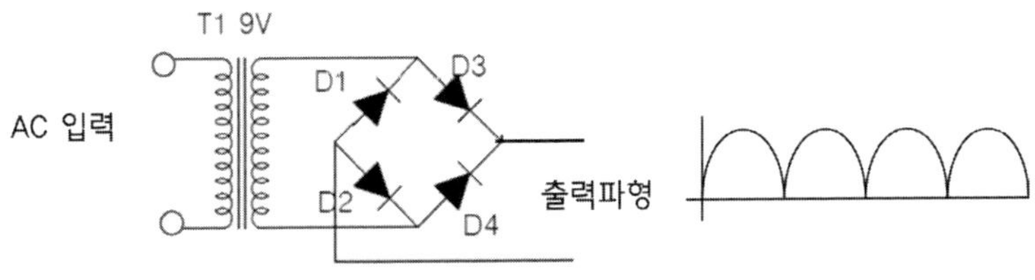

그림 2-30 전파 정류기와 출력 파형

5.7 제너 다이오드(Zenor Diode)

일반 정류형 다이오드와 같은 PN 접합하여 만든 반도체 소자로서 "정전압다이오드"라고도 부른다.

제너 다이오드는 역방향바이어스 전압이 그 용량의 전압과 같거나 초과했을 때 무너지면서 전류가 흐르도록 설계되어있다. 역방향바이어스 항복전압은 2~200V 범위이며, 전압조절기, 파형 클리퍼(clipper ; 설정강도 범위 이외의 신호를 제거하는 회로) 등과 같은 기능을 한다.

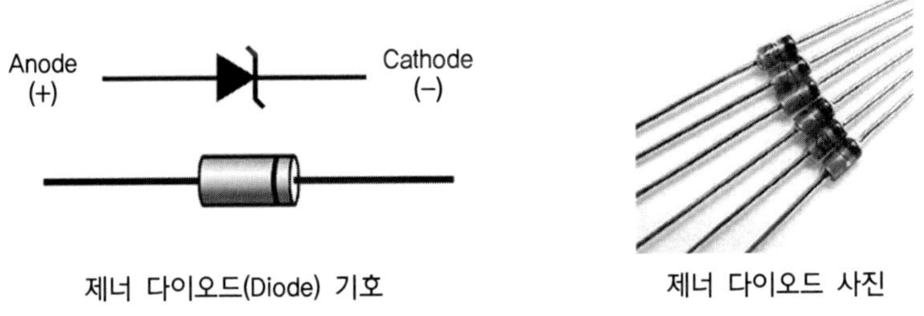

제너 다이오드(Diode) 기호 제너 다이오드 사진

그림 2-31 제너 다이오드의 기호와 사진

5.7.1 제너 다이오드 특징

제너다이오드는 앞서 설명한바와 같이 다이오드에 역바이어스를 걸어서 사용하는 다이오드로서 전압이 낮은 경우에는 역방향 전류를 거의 흐르지 않다가 제너 또는 항복 전압(Vz)에서 갑자기 흐르는데 이 현상은 터널효과와 전자 사태(공핍층이 넓은 상태에서 전자와 정공이 계속 증가하는 현상)에 의한 것이다. 제너 다이오드는 회로의 전압을 일정하게 유지할 필요가 있는 정전압 회로에 주로 사용한다. 그래서 이 정전압 다이오드라고도 한다. 3- 150v 정도의 여러 종류가 있다.

그림 2-32에서 순방향으로 0.7V 이상 걸러주면 전류가 통하고 역방향으로 전압을 걸어도 전혀 전류가 흐르지 않다가 Vz(제너 전압 또는 항복 전압)을 걸어주면 갑자기 5mA이상이 많은 전류가 흘러서 항복 전압이 걸린다.

이러한 특성으로 전압을 조절하는데 많이 사용되는데 그림 2-32와 같이 5.1V 의 정전압을 얻기 위해 5.1V 전압 제너 다이오드를 연결하여 12V를 가하면 5.1V의 일정한 전압을 얻게 된다.

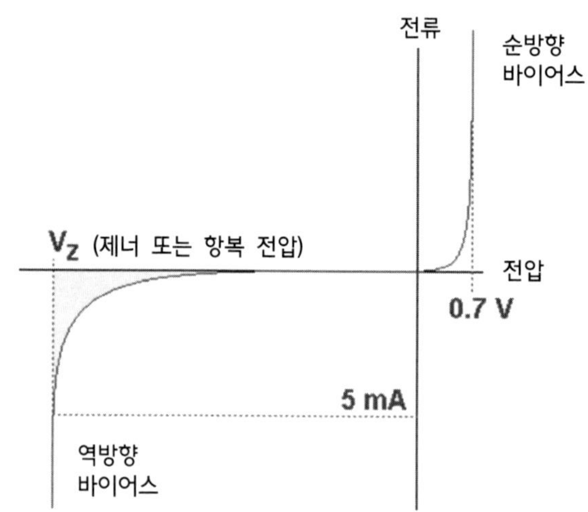

그림 2-32 제너 다이오드의 특성

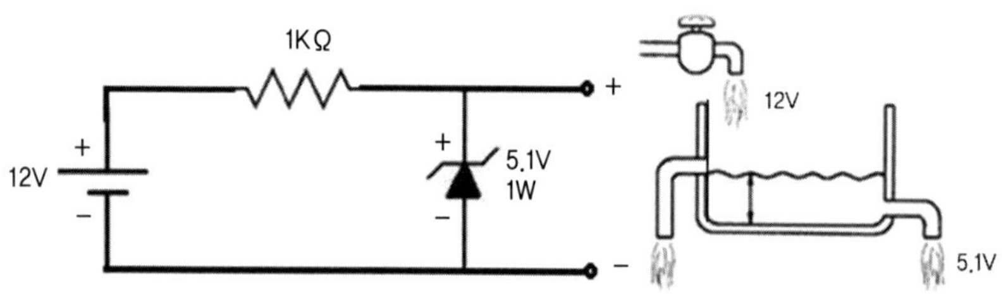

입력 전압 : 12V. 제너 전압 : 5.1V. 출력 : 5.1V

그림 2-33 정전압 회로와 정전압 특성

5.8 발광 다이오드(LED : Lighting Emitting Diode)

전자는 순방향바이어스일 때 이동하는데, 전자가 가전자대에 들어가면서 에너지를 방출한다. 정류다이오드에서는 이 에너지가 열로 방출되지만, 발광다이오드(LED)에서는 빛으로 방출된다. 갈륨, 비소, 인 등과 같은 소자들은 적색, 녹색, 노란색, 청색 등과 같은 색을 띠는 빛을 방출하게 된다. 발광다이오드는 계기, 지시기, 조명 등에 폭넓게 사용된다. 발광다이오드의 장점은 긴 수명, 저전압 동작, 빠른 점멸작동, 적은 발열 등이다. 또한 에너지 손실이 적다는 것이 장점이다. 발광다이오드는 극성이 있으며, 순방향 바이어스일 때 발광을 한다.

5.8.1 발광 다이오드 구조

일반 다이오드와 같은 PN 접합으로 전류를 순방향으로 흘렸을 때에 빛을 발하는 반도체 소자이다. PN 접합에서 P형층을 얇게 만들어서 빛이 투과하도록 하여 순방향으로 전압을 가하면 N형 반도체 내에 전자가 P형 반도체 안으로 주입되어 소수 반송자로 확산되고 P형 반도체 안의 전자와 재결합한다. 이때 반송자가 가지는 에너지는 재결합에 필요한 에너지보다 커서 나머지의 에너지는 빛으로 방출하는 전기장 발광(electroluminescence, EL)현상이 일어난다. 이러한 전기 발광 현상을 이용한 반도체 소자가 발광 다이오드이다.

5.8.2 발광 다이오드(LED) 기호 및 극성 표시

발광 다이오드의 극성은 상기 그림에서 아노드(+)와 캐소드(-)를 확인하고 일반적으로 LED 소자에서 다리가 긴 쪽이 +인 아노드 단자이고 짧은 리이드 선이 - 인 캐소드이다.

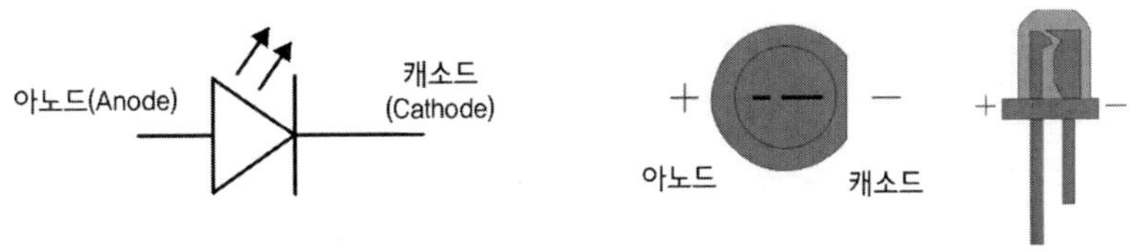

발광 다이오드 극성 - 아노드(+), 캐소드(-)　　　발광 다이오드 극성 표시

그림 2-34 발광 다이오드 기호 및 극성표시

5.8.3 LED 작동 전압

발광 다이오드는 그림 2-35와 같이 색깔 별로 몇 종류가 있는데 작동 전압이 다르다. 색깔 별로 작동 전압은 대략 다음과 같다.

◆ Red LED : 1.2v ◆ Green LED : 2.0v ◆ Blue LED : 3.4v

LED를 작동시키기 위해서는 전압 강하를 위한 저항을 그림 2-35 회로에서와 같이 LED 와 직렬로 연결할 때 LED 가 작동한다. 만일 과전압을 공급하게 되면 LED 는 손상이 온다. 전압 강하를 위한 저항을 연결할 때 저항 값을 정하는 것은 다음 공식에 따른다.

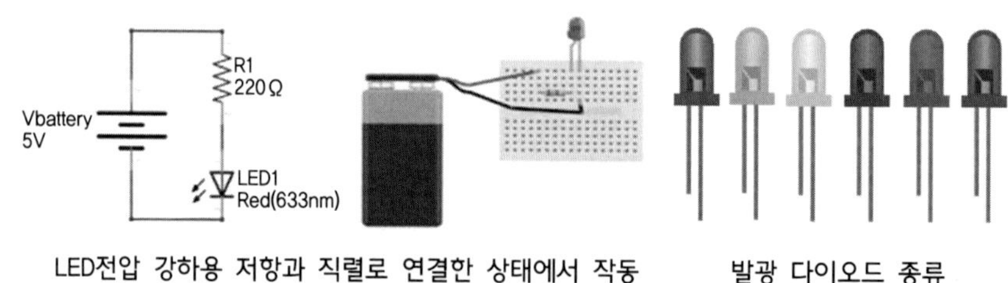

LED전압 강하용 저항과 직렬로 연결한 상태에서 작동 발광 다이오드 종류

그림 2-35 LED 전압 강하용 저항 연결 및 LED 종류

이때 연결할 저항 값(220Ω)을 정하는 것은 다음 공식에 따른다.

• **전압 강하용 저항(R) = 전원 전압 - 전압강하 / LED 정격 전류 (R = V/I)**

그림 2-35에서 전원 전압이 5V, 전압강하(순방향 바이어스 전압. Vf)를 1.7V, LED 정격전류(Imax)를 20mA라고 가정하면 R = 5-1.7V / 20mA = 165Ω으로 약간 큰 저항 220Ω을 연결하면 된다. 이외에도 광 에너지를 전기에너지로 변환시키는 포토 다이오드, 버랙터라고 불리는 가변 용량 다이오드, 초고주파의 발진 회로 등에 사용되는 터널 다이오드 등이 있다.

6 트랜지스터(Transistor)

대표적인 능동소자로서 트랜지스터란 트랜스퍼(transfer: 신호를 전달하다)와 레지스터(resistor: 저항기)라는 두 단어의 합성어로 "Transfer of a signal through a varister"의 약자이다. 전기 신호와 신호를 증폭하거나 스위치 역할을 하는 반도체 소자이다. 외부 회로와 연결하기 위해 최소 3개의 리이드(lead) 선이 연결된 반도체로 구성되어 있다. 트랜지스터 개발자는 노벨 물리학상을 수상할 정도로 이 소자의 개발은 전자공학의 대변혁을 이루었다.

6.1 트랜지스터 기능

트랜지스터는 내부저항에 따라 전류의 경로를 이동시키는 것이 가능하다. 회로 내에서는 이 특성을 이용해 신호를 증폭시키거나 전류를 제어하는데 이용된다.

6.2 트랜지스터 구조 및 종류

그림 2-36과 같이 트랜지스터(TR: transistor)의 기본 구조는 p형 반도체와 n형 반도체를 접합한 3중 구조이다. 트랜지스터는 불순물을 적절히 첨가한 컬렉터(C: collector), 다량의 불순물을 첨가한 이미터(E: emitter), 불순물을 매우 조금 첨가한 베이스(B: base)와 연결되는 단자가 있다.

이미터(E: emitter)는 전자나 정공을 방출하는 단자이며, 컬렉터(C: collector)는 방출된 전자나 정공을 모으는 곳이다. 중앙에 삽입되는 베이스 층은 컬렉터나 이미터에 비해 매우 얇다.

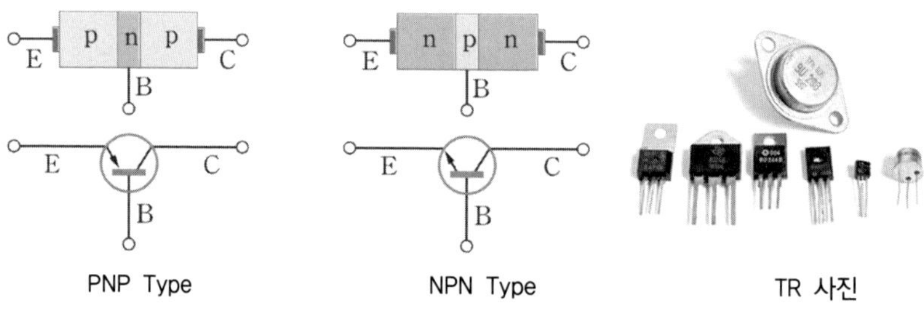

그림 2-36 트랜지스터 구조 및 종류

트랜지스터를 종종 바이 폴러 트랜지스터(bipolar transistor)라고 하는데 이것은 트랜지스터가 양공과 전자의 움직임에 의해 작동되기 때문이다. 트랜지스터는 N형 반도체와 P형 반도체의 배열에 따라 NPN형과 PNP형으로 분류된다. NPN형 트랜지스터는 2개의 N형 반도체 사이에 얇은 층의 P형 반도체를 삽입해서 만든다. 이와 반대로 PNP형은 2개의 P형 반도체 사이에 얇은 층의 N형 반도체를 삽입해서 만든다.

6.2.1 NPN 형 트랜지스터

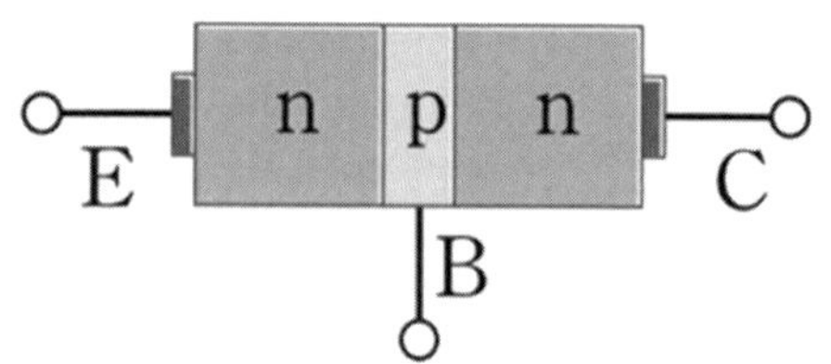

두꺼운 2개의 N 형 반도체 사이 얇은 P 형 반도체로 접합하고 각각에 E. B. C 단자를 붙여서 회로와 연결을 하도록 한다.

6.2.2 PNP 형 트랜지스터

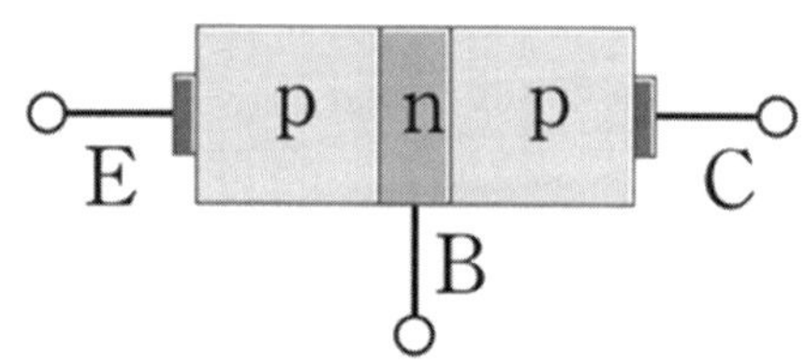

두꺼운 2개의 P형 반도체 사이 얇은 N형 반도체로 접합하고 각각에 E.B.C 단자를 붙여서 회로와 연결을 하도록 하였다.

6.3 트랜지스터 핀(PIN) 배열 및 기능

6.3.1 이미터(E)

순방향 전류를 공급해 주는 역할을 한다. 그리고 TR 기호에서 전류의 방향을 표시한다. 베이스와 컬렉터를 양쪽을 연결하는 공통으로 도전되는 영역이다. 캐리어(전자, 정공)를 방출하는 역할을 한다.

6.3.2 베이스(B)

E에서 C로 흐르는 전류를 조절하는 역할을 한다. 이미터에서 본 베이스는 입력이다. 방류 전류를 제어하는 역할을 하며 이미터나 콜렉터 층에 비해 얇다.

6.3.3 컬렉터(C)

이미터에서 공급한 전류를 받아들이는 역할을 한다. 이미터에서 본 컬렉터는 출력이다. 캐리어(전자, 정공)를 다시 끌어 모으는 역할을 한다.

6.4 트랜지스터 작동

6.4.1 트랜지스터의 증폭 작용

트랜지스터가 동작하기 위해서는 적당한 전압이 인가되어야 한다. 이미터와 베이스 사이에 순방향(P형쪽에 +, N형쪽에 -) 전압을 인가하면 PN접합에서 순방향 전압을 인가한 것처럼 이미터(E)에서 베이스(B)쪽으로 정공이 이동하면서, 전류가 흐르게 된다. 이때, 그림과 같이 다시 콜렉터와 베이스 사이에 더 높은 역방향(P형 -, N형 +) 전압을 인가하게 되면, 이미터에서 베이스 쪽으로 흐르던 정공의 대부분이 콜렉터 쪽의 높은 전압에 의해서 콜렉터 쪽으로 이동하고 소수의 정공만이 베이스 쪽으로 이동하게 된다. 따라서, 순방향 전압 Vbe를 높여서 이미터로 부터 베이스로 이동하는 정공의 수를 늘려주게 되면, 이것과 비례하여 콜렉터 쪽으로 이동하는 정공의 수도 많아지게 된다. 이러한 트랜지스터는 일반적으로 콜렉터 전류가 베이스 전류보다 수배~수십배 증가하여 흐르게 된다. 예를 들어 오른쪽 그림과 같이 이미터에 100mA 전류를 흘려주면, 콜렉터 쪽으로 99mA 전류가 흐르게 되고, 베이스 쪽은 1mA가 흐르게 된다. 마찬가지로 이미터에 200mA 전류를 흘려주면, 콜렉터에 198mA, 베이스에 2mA가 흐르게 됩니다. 그러므로 이러한 트랜지스터는 베이스 전류(Ib)가 1mA에서 2mA로 증가할 때 콜렉터 전류(Ic)는 99mA에서 198mA로 99mA가 증가하게 되므로 콜렉터 전류는, 베이스 전류의 99배나 증가하여 흐르게 됩니다. 이처럼 트랜지스터는 베이스 쪽에 약간의 전류만 흘려도 콜렉터 쪽으로 수십 배의 큰 전류가 흐르게 하는 전류증폭 작용을 하게 된다. 이것을 트랜지스터의 증폭 작용이라 한다.

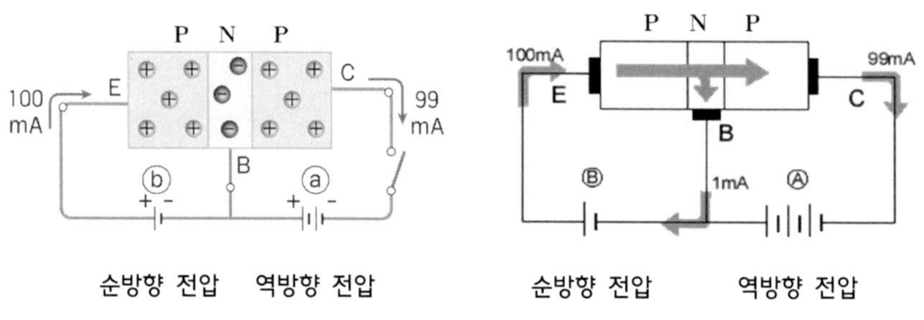

그림 2-37 트랜지스터 작동

6.4.2 트랜지스터의 스위칭 작용

그림 2-38과 같이 베이스와 이미터 사이에 순방향 전압을 가하고, 베이스와 컬렉터 사이에 역방향 전압을 가해주면 트랜지스터는 정상 동작(전기통과)을 하고, 베이스와 이미터 사이에 역방향 전압을 가해주면 트랜지스터는 차단상태가 된다. 그림은 NPN형 TR을 사용한 회로의 예로서, 베이스와 이미터 사이에 순방향 전압을 가하여 베이스에 양(+)의 전류가 흐를 경우 TR가 통전상태가 되도록 구성한 회로이다.

즉, 베이스 단자를 기준으로 할 때 베이스에 양(+)의 전위가 걸릴 때 TR은 통전(스위치 ON) 상태가 되고, 베이스에 음(-)의 전위가 걸릴 때 TR은 차단(스위치 OFF)상태가 되도록 구성한 것이다. NPN형 TR의 경우 베이스에 양(+)의 전압이 가해지고, PNP형의 경우에는 베이스에 음(-)의 전압이 가해질 때 트랜지스터가 동작(통전상태)한다.

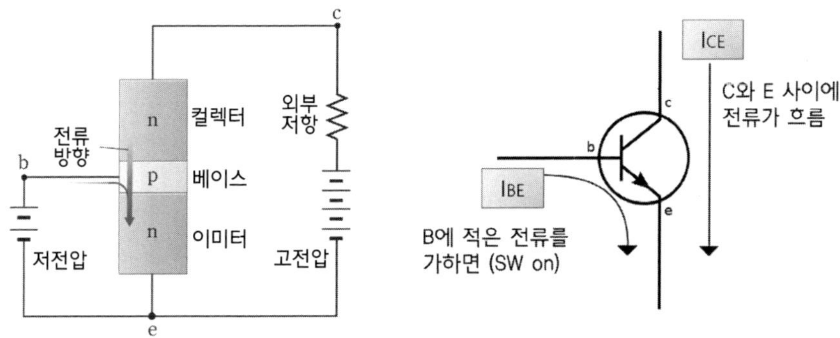

그림 2-38 트랜지스터의 스위칭 작용

6.5 트랜지스터의 시험

6.5.1 결함 원인

회로 속에서 계속적으로 작동하는 트랜지스터는 과열로 인해서 때때로 결함이 발생한다. 베이스-이미터 다이오드 부분, 베이스-컬렉터 다이오드 부분, 이미터-컬렉터 부분에 너무 많은 전류가 흐르게 되면 과열이 발생하여 과열이 발생하여 결함으로 이어진다. 결국 과열은 결정 격자 구조 파괴로 이어져 개방 되는 단락 한다.

6.5.2 시험

저항계로 시험할 수 있다. 회로 속에서 연결이 되어 있다면 베이스의 리드를 분리한다. B - E 사이에 순방향에서는 저항 값이 어느 정도 나오나 반대의 극성에서는 높은 저항 값이 나온다. B - C 사이도 마찬 가지이다. 그리고 E.B.C 를 구분하는 방법은 B - E 사이의 저항 값이 B - C 사이의 저항 값보다 크다.

7 CdS 광도전 셀(Photoconductive Cells)

황(S)과 카드뮴(CD)을 주성분으로 하는 광전도 소자(CdS photoconductive cells)의 일종이다. 빛을 받으면 빛의 세기에 따라서 내부 저항 값이 변하는 일종의 Light Dependent Resistor(빛에 따라 변화하는 저항기)라고 할 수 있다.

이러한 원리를 적용하면 가로등의 불을 저녁이 되면 켜지고 아침이 되면 꺼지도록 하는 등, 주변밝기에 맞춰 조명상태를 제어하는 것이 가능해진다.

일반적으로 CdS 셀은 빛 에너지가 전혀 없을 때는 거의 절연체에 가깝게 된다. 즉 전류를 흘려 보내지 못한다. 그러나 입사광을 받으면 그 입사 에너지에 대응하여 내부 저항이 작아지게 되므로 이때는 전류를 흘려 보낼 수 있게 된다. 비슷한 용도의 포토 다이오드(photo diode)에 비해 회로에서 취급이 쉽고 광센서이므로 저항과 같이 사용할 수 있는 것이 장점이지만 비교적 완만한 조도 변화에만 응용될 수 있다는 것이 단점으로 지적되고 있다.

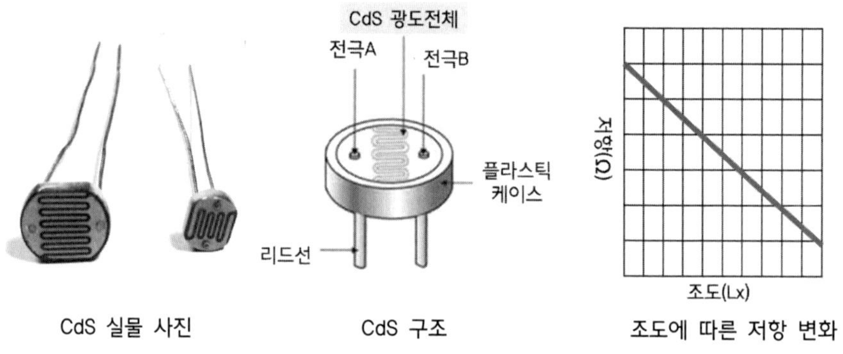

그림 2-39 CdS 구조 및 조도에 따른 저항 변화

8 계전기(Relay)

계전기란 릴레이(relay)라고도 하며, 코일에 전류가 흐르면 전기의 자기 작용의 의해 계전기에 있는 코일이 여자(전자석)되는 성질을 이용한다.

코일에 전류가 흘러 전자석이 되면서 물리적인 힘이 생겨 스위치 접점을 이동시키는 장치이다. 즉 코일이 전자석으로 되었을 때 철판인 접점을 끌어당기고 또한 전원을 끊으면 접전이 끊어져 되돌아간다.

릴레이는 전기적으로 독립된 회로를 연동시킬 수 있는 장점이 있어 즉 낮은 전압으로 계전기를 작동하여 원거리에 있는 높은 전압의 회로를 ON/OFF 시키든가, 큰 전류의 회로를 ON/OFF시킬 수 있는 장점이 있다.

항공기 계통의 계전기는 조종석에 장착되어 있는 스위치에 의하여 원거리에 떨어져 있는 고(高)전류의 회로를 직접 개폐시키는 역할을 하는 일종의 전자기 스위치(electronic switch)라 할 수 있다. 예를 들어 항공기 시동기인 전동기는 고(高) 전류가 필요하고 굵은 전선으로 연결되어 있다. 그리고 시동 스위치는 조종석에 있는데 계전기가 없다면 시동 회로의 전류는 축전지에서 고전류가 조종석의 스위치까지 왔다가 다시 엔진의 전동기까지 가야하기에 전선 중량이 증가하고 또한 고전류가 조종석 스위치를 통해 흐르게 되어 스위치 작동 시 무선통신 잡음, 계기 오차가 발생하고 또한 스파크 발생 가능성과 스위치 손상, 높은 전압 강하와 전류의 손실을 초래할 수 있다. 이러한 문제를 해결하는 것이 계전기를 통해서 축전지와 전동기 사이의 전원의 개폐를 조종한다.

8.1 계전기(Relay)의 기본 원리

시동기 계전기에 흐르는 전류는 코일을 여자(exciting)시키는 정도면 되므로 아주 적은 전압전류만 흘러도 된다.

그림 2-40에서 X1과 X2에 적은 전류를 공급하여 전자석이 되면서 고전류가 흐르는 접전을 개폐 시키게 된다. 코일에 낮은 전압을 공급하면 자석이 되어 접촉점을 끌어

당겨 NO(Normal Open)점과 전기적으로 연결이 된다. 전원 공급 스위치를 OFF 하면 전자석은 비자화가 되어 끌어 당겼던 접점을 다시 놓아주면 스프링에 의해 NC(Normal Close)로 되돌아간다.

계전기는 결국은 기계적으로 접점을 개폐하기 때문에 동작은 느리지만 일부 고속 동작이 가능하게 특수하게 만든 고주파 계전기도 있다.

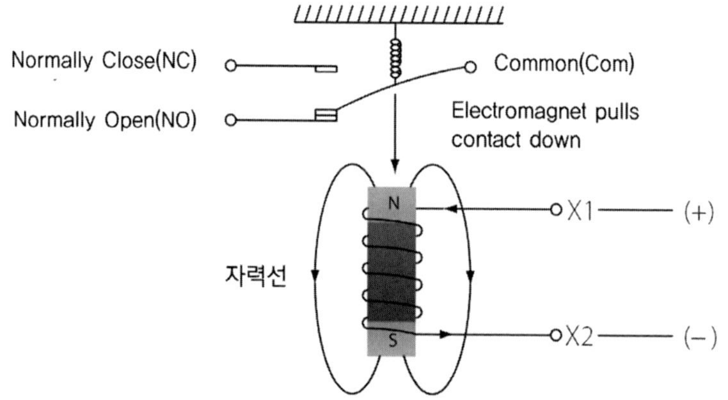

그림 2-40 기본 계전기 작동 원리

8.2 계전기 종류 및 PIN 배선도

코일을 작동시키는 전압 및 계전기 내 접점 수에 따라 종류가 다양하므로 각 계전기별 특성을 숙지하고 정확한 선택이 필요하다. 그리고 내부 회로에 대한 정보가 없어도 코일 및 NC, NC, 또는 COM 접점을 시험기를 이용해서 찾을 수 있도록 기본 지식을 갖추는 것이 중요하다. 다음은 일반 항공계통에서 많이 사용되는 계전기 몇 가지의 특성을 다음과 같이 소개한다.

8.2.1 4 pin 계전기

4 pin 계전기 내부 회로 찾는 방법은 다음과 같다.

① 85-86에 Tester에서 저항에 놓고 측정을 하면 어느 정도 저항 값이 나온다.

② 87-30에 tester로 측정하면 무한대 저항이 나와야 하고 또한 이들의 pin은

case, 85, 86 pin 과도 무한대 저항이 나와야 한다.

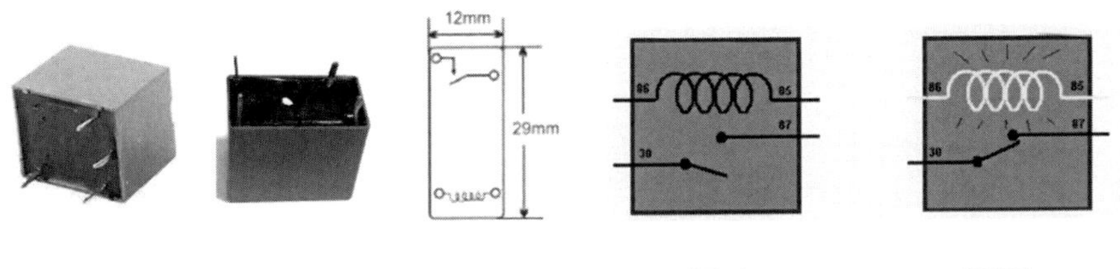

그림 2-41 계전기 4 pin 배열 및 자화

그림 2-42 회로에서 보면 스위치를 on 하면 축전지의 DC 전원이 계전기를 작동시켜 계전기 내 A와 C를 연결하여서 120VAC가 램프에 연결되어 램프가 작동한다.

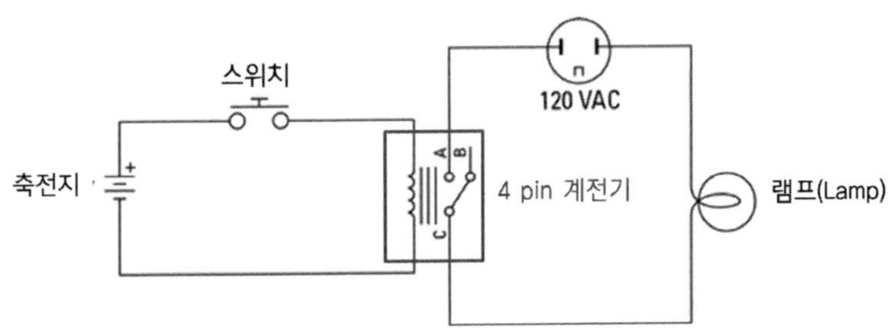

그림 2-42 4 pin 계전기 작동

8.2.2 5 pin 계전기

5 pin 계전기 내부 회로를 찾는 방법은 다음과 같다.

① 그림 2-43의 85-86 단자에 전원(대체적으로 28VDC)를 공급하면 coil이 자화되어 30-87a에 단자를 끌어 당겨 87에 연결시켜준다. 이때 30-87a는 NC(Normal Close)라고 하고 30-87a는 NO(Normal Open)이라 한다.

② 85-86에 Tester에서 저항에 놓고 측정을 하면 어느 정도 저항 값이 나온다. 그리고 87a-30에 tester로 측정하면 continuity(0ohm) 나오고 87-30에 연결하면 무한대 저항(연결 안 됨)이 나와야 한다. 그리고 각 pin과 case 사이는 ∞Ω이 나와야 하고 접점을 나타내는 pins(30, 87a. 87)들은 코일 단자(85.86 pin)와도 ∞Ω이 나와야 한다.

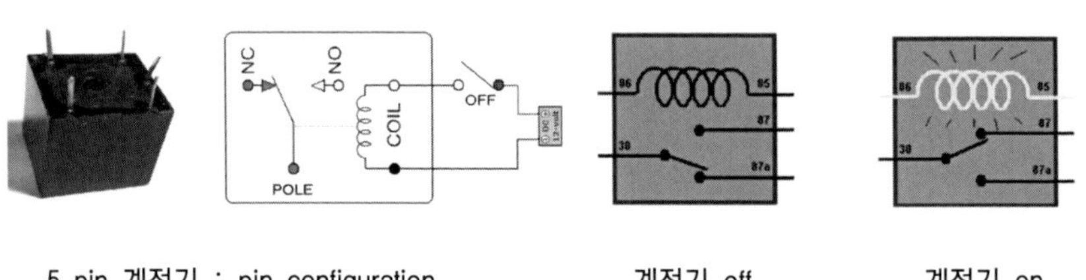

5 pin 계전기 : pin configuration　　계전기 off　　계전기 on

그림 2-43 계전기 5 pin 배열 및 자화

8.2.3 6 pin 계전기

power는 +/- 극성이 있는 것도 있지만(diode 연결) 극성구분 없이 연결해서 사용한다. coil pin 사이는 Tester에서 저항에 놓고 측정을 하면 어느 정도 저항 값이 나온다.

NC는 당연히 continuity(연결-저항 0)이고 NO는 무한대(연결되지 않음)이며 common pin이 2개이지만 실제 회로 구성할 때 pin 한 개만 남겨 사용하기도 한다.

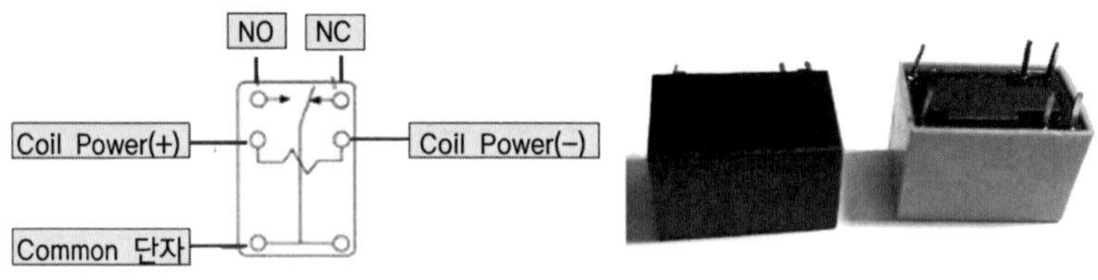

6 pin 계전기 : pin configuration　　6 pin 계전기(Relay) 사진

그림 2-44 계전기 6 pin 배열 및 사진

8.2.4 8 pin 계전기

8 pin Relay 내부에서 coil 연결 부분은 따로 분리되어 있는 경우가 대부분이다. 그림 2-45에서 보면 pin 1과 pin 2가 코일이다.

① power는 8개 pin중에 가장 아래 부분 (pin 1.2)에 연결되고

② common(pin 3.4), NO(pin 7.8), NC(pin 5.6)으로 양쪽에 배열되어 있다.

③ 작동 : pin 1.2에 28VDC가 연결되면 코일이 자화 되어 NC(pin 3.5와 pin 4.6이 끊어지고 pin 3-7, 4-8번으로 새로운 접전으로 연결된다.

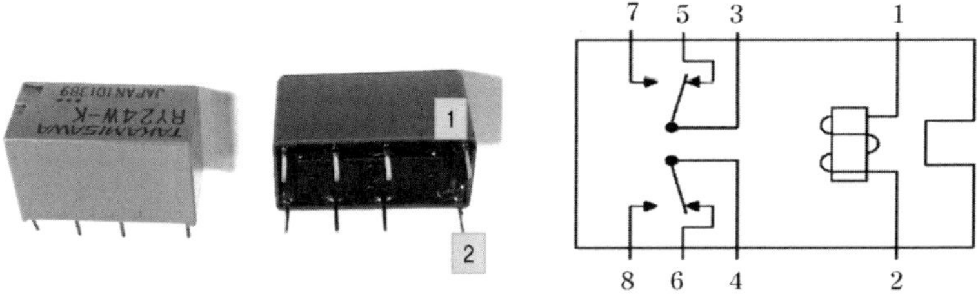

8 pin 계전기 사진

8 pin 계전기 Configuration

그림 2-45 계전기 8 pin 배열 및 사진

그림 2-46 회로도는 항공산업기사 실기문제에서 나오는 객실 내 압력 경고 장치 회로도이다. 이 회로도의 8 pin 계전기를 연결하여야 하여야 한다. 회로도 와 계전기 내부 회로도를 맞추어서 연결하는 8개의 pin예를 보여 주고 있다.

회로도에서 계전기 코일은 전원을 연결하는 것으로 특별히 다이오드 등이 있어서 극성이 있는 것이 아니라면 전원에 가까운 접점에 + 전원을 연결하는 것이 좋다. 그러나 나머지 6개 핀을 회로도에 맞추어 연결할 때 혼동을 피하기 위해 회로에서 아래 측 3접점 즉 COM. NC. NO 점은 계전기에서 좌측 3개의 접전으로 연결하고 회로도에서 상부 측 3접점은 계전기에서 우측 3개의 접전에 연결하면 쉽기도 하지만 추후 고장 탐구하기에도 편리하다.

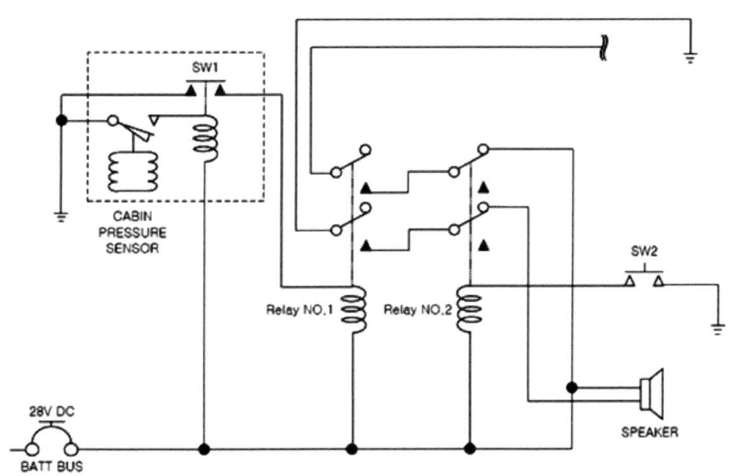

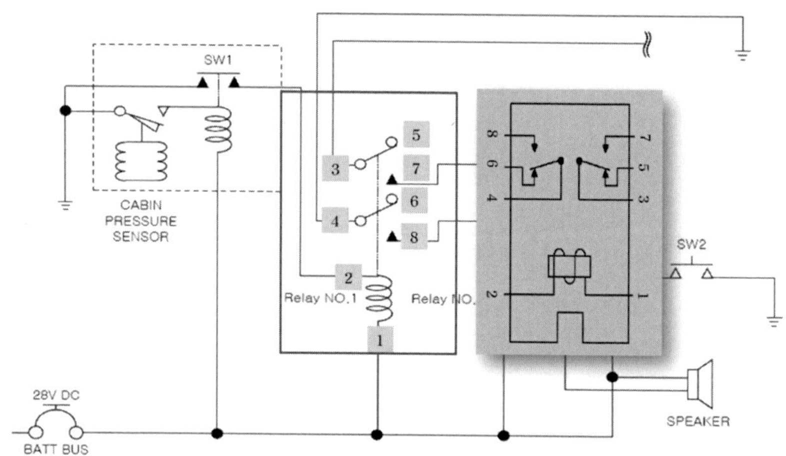

그림 2-46 회로도 계전기와 계전기 배선도 비교

상기 회로도는 항공산업기사문제 "객실 압력 경고 장치"의 회로도이다. 코일의 1번 핀이 전원에 가까우니 + 전원을 연결하고 2번 핀에는 CABIN PRESSURE SENSOR SW1에 연결하여 - 전원에 연결하여 계전기 코일에 작동 전원을 연결하면 된다. 그리고 계전기의 좌측 편 3단자 - 4(COM), 6(NC), 8(NO)를 회로도 4.6.8에 대치하여 연결하면 되고 계전기 우측 편 3단자 - 3(COM), 5(NC), 7(NO)를 회로도 3.5.7에 연결하면 된다.

9 변압기(Transformer)

교류 전압의 전기적 에너지를 다른 전압의 전기적 에너지로 바꾸어 주는 장치로 전압을 올리거나 내려준다. 변압기는 전기적으로 직접 연결되어 있지 않은 2 개의 코일과 그 코일이 감겨 있는 철심(강자성체로 대체적으로 규소강판)으로 구성된다. 상호 유도 작용을 이용한 대표적인 것이 변압기이다.

9.1 상호유도작용을 응용한 변압기

코일 속에 강자성체인 규소 강판을 넣었을 때 2차 코일에서 유도 기전력이 더 커지는 이유는 1차 코일에서 생긴 자속이 2차 코일을 많이 통과하면 상호 유도의 효과도 커지는데 쇠막대가 자성체이므로 이를 넣지 않을 때보다 자속을 더 많이 통과시키기 때문에 2차 코일의 유도 기전력이 매우 커지게 된다.

이와 같은 원리를 이용하면 1차 코일에 수 볼트의 전원을 연결하여 2차 코일에서 수만 볼트를 얻을 수 있다. 이런 장치를 유도 코일이라 한다.

변압기는 이 유도코일을 이용해서 1차 및 2차 코일의 상호 유도 작용에 의해서 전압을 변화시키기 위해서 만들어진 것이다. 그림 2-47의 변압기 그림을 보면 1차 코일의 감은 수를 N1, 2차 코일의 감은 수를 N2라 하고 그리고 1차 코일에 공급된 전압을 V1, 2차 코일에 유도되는 기전력을 V2라고 하면 다음과 같은 식이 성립된다.

$$\frac{V1}{V2} = \frac{N1}{N2}$$

변압기에서 1차 코일의 전력과 2차 코일의 전력은 같다. 따라서 1차 코일과 2차 코일의 흐르는 전류의 세기를 각각 I1, I2라고 하면 I1 X V1 = I2 X V2의 관계가 성립한다.

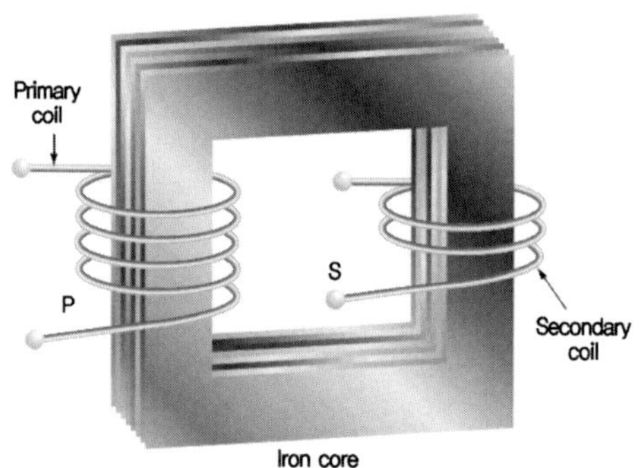

그림 2-47 변압기 (Transformer)

9.2 변압기 승압 및 감압(Step-Up and Step Down)

2차 코일의 감는 수를 변형하여 전압을 승압(step up) 또는 감압(step-down) 시켜서 여러 가지 전원으로 사용할 수 있다

9.2.1 변압기의 감압

변압기 그림 2-48과 같이 2차 코일의 감는 수를 1차 코일 보다 적게 감아주면 전압을 감압 시킬 수 있다. 일반적으로 전기전자 회로에서는 가정용 220VAC를 이용해서 3VAC, 9VAC, 15VAC 등으로 변형하여 사용하므로 감압 변압기가 많이 사용된다.

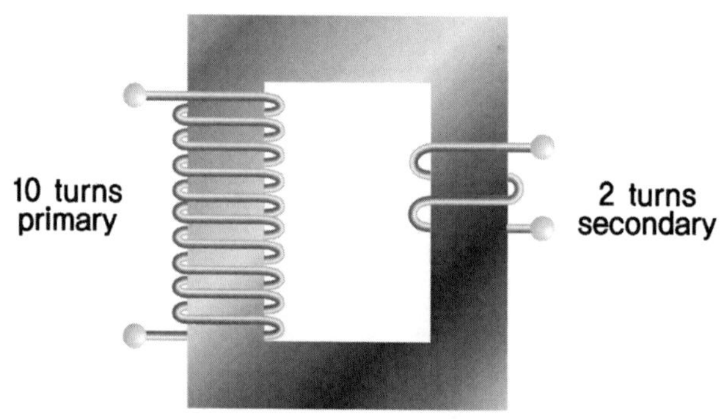

그림 2-48 감압 변압기

9.2.2 변압기의 승압

변압기 그림 2-49와 같이 2차 코일의 감는 수를 1차 코일 보다 많이 감아주면 전압을 승압 시킬 수 있다.

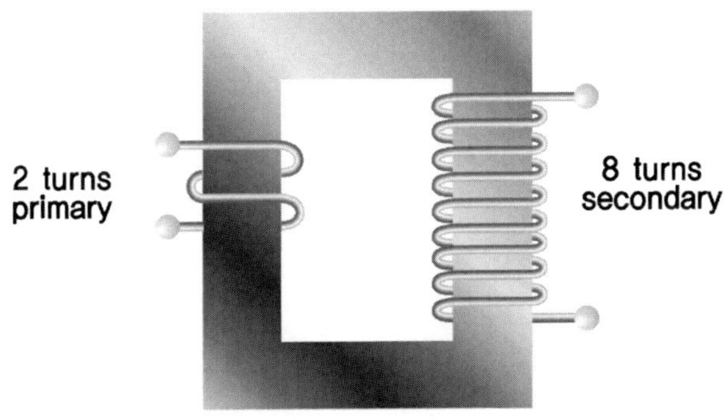

그림 2-49 승압 변압기

9.3 인덕턴스(Inductance)의 점검

일반적인 인덕턴스의 결함은 끊어져서 개방되는 것이다. 인덕턴스를 점검하기 위해서는 회로로부터 분리해야 한다. 개방된 인덕턴스를 저항계로 점검하면 무한대의 저항 값을 지시한다. 만약 상태가 양호한 인덕턴스라면, 저항계는 코일(coil)의 저항 값을 지시하게 된다.

인덕턴스는 때에 따라 과열에 의한 고장을 일으키기도 하는데, 인덕턴스가 과열되면 전선을 덮고 있던 에나멜 절연물질이 타면서 단락된다. 단락된 코일의 영향은 권선 수를 감소시키는 효과가 있으며, 인덕턴스의 규정 저항보다 낮은 값을 지시하게 된다.

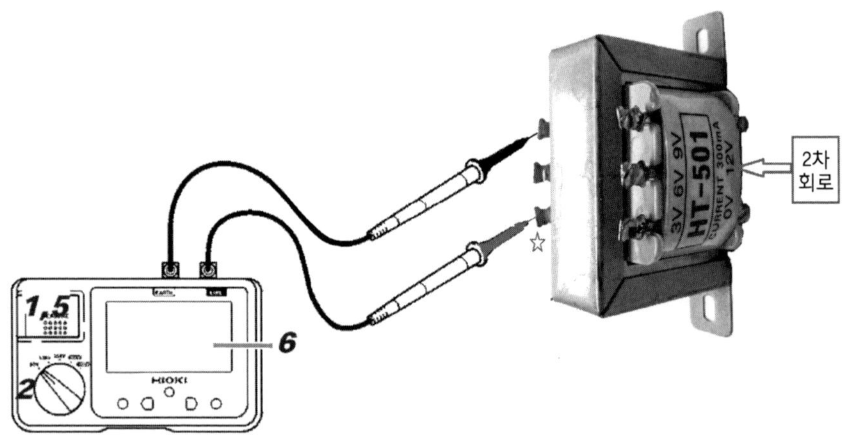

그림 2-50 인덕턴스(코일)의 점검방법

10 스위치(Switches)

스위치(switch)는 항공기 전기 회로에서 전류의 흐름을 개폐(open and close)하는 제어장치 중 하나로서 전기의 흐름을 차단, 연결 또는 흐름의 방향 전환을 하는데 사용한다. 기본적으로 회로상의 흐르는 전류의 정격(rate)에 맞는 스위치를 사용하여야 하며 회로의 전압을 유지하기 위해 절연이 되어 있어야 한다. 스위치의 구조 즉 Pole, Throw 정의는 다음과 같다.

- Pole : 스위치에서 움직이는 접촉 점(contactor)으로 pole의 개수(number)는 제어하는 회로 수와 같은 숫자이다. DP(Double Poles)이면 한번 작동으로 두(2)개의 회로를 제어한다는 것이다.
- Throw: 전류가 흐르는 통로(path)이며 이는 pole과 달리 고정되어 있고 pole이 와서 접촉을 하면 전류가 throw를 걸쳐서 흘러간다. DT이면 두 곳 중 한곳으로 전류를 보낼 수 있다는 것이다.

① 단일전극 단일접속(Single-Pole Single-Throw : SPST)

단일 회로 개폐. 하나의 계통에서 오는 신호나 전류를 throw에 연결 또는 정지를 제어하는 스위치이다. 즉, 개방과 접속 두 가지 조건 중 한 가지로 선택된다.

② 이중전극 단일접속(Double-Pole Single-Throw : DPST)

하나의 레버로 (2개의 pole이 같이 기계적으로 연결되어 있음) 2개의 회로 연결을 개폐(close or open)제어를 한다.

③ 단일전극 이중접속(Single-Pole Double-Throw : SPDT)

하나의 전극이 2개의 접속 중 하나와 접촉되며, 2개의 회로 중 하나를 선택하고자 할 때 사용한다.

④ 이중전극 이중접속(Double Pole Double Throw : DPDT)

2개의 독립적인 회로를 동시에 제어하는 것이다. SPDT를 동시에 2개를 제어한다고 생각할 수 있다.

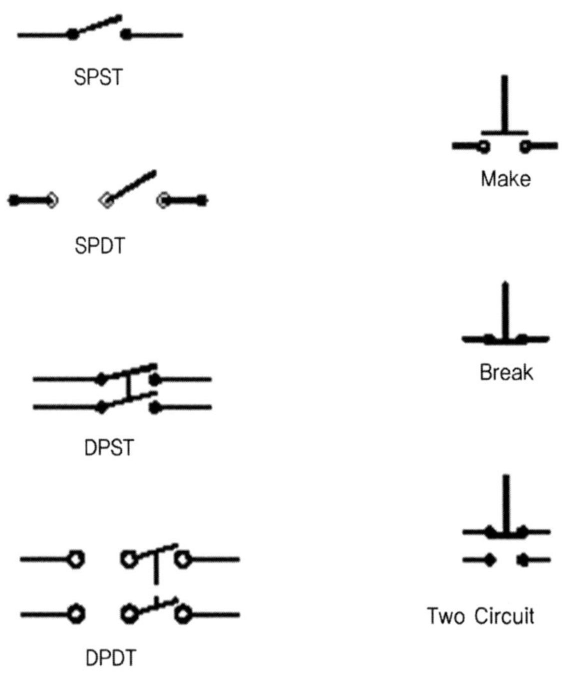

그림 2-51 토글 및 푸시버튼 스위치 접점

10.1 스위치 종류

① 토글 스위치(Toggle Switch)

항공기계통에서 가장 많이 사용하고 있는 스위치로서 OFF 위치에 스프링 힘으로 위치하고 회로 연결을 위한 ON 위치에서는 고정되어 있어야 하는 것으로 2곳을 접촉하는 스위치이다. 토글 스위치 종류로는 2단 토글 스위치(on-off위치)와 3단 토글 스위치(off-on-기능추가)가 있다.

② 로터리 선택 스위치(Rotary Selector Switch)

여러 곳으로 연결이 되도록 회전하면서 선택이 되는 스위치(selective switch)로 노브(know)를 회전시키면 기존 연결한 회로는 끊어지고 다른 쪽 회로가 새로 연결이 된다.

③ 정밀(마이크로) 스위치(Micro Switch)

리밑 스위치 또는 제한(limit switch)라고도 하며 매우 작은 동작으로 개폐를 제어하는 스위치로 일종의 푸시 버튼 스위치이다. 이는 착륙자치 기어(landing gear), 모터 작동기(actuator motor)등을 자동으로 제어하는데 주로 사용한다.

④ 푸시버튼 스위치(Pushbutton Switch)

하나의 버튼으로 ON. OFF의 2가지 기능을 수행하는 스위치로 눌렀을(push) 때 ON 되고 또 다시 눌렀을 때 OFF 상태가 되는데 알터네이트(alternate)스위치와 모멘터리 스위치(momentary switch)가 있다. 최근 항공기 조종석에 사용하는 push button switch는 조명식으로 스위치 기능을 지시하기 위해 내부에 꼬마전구나 LED 로 조명을 하여 스위치 및 계기 역할을 한다.

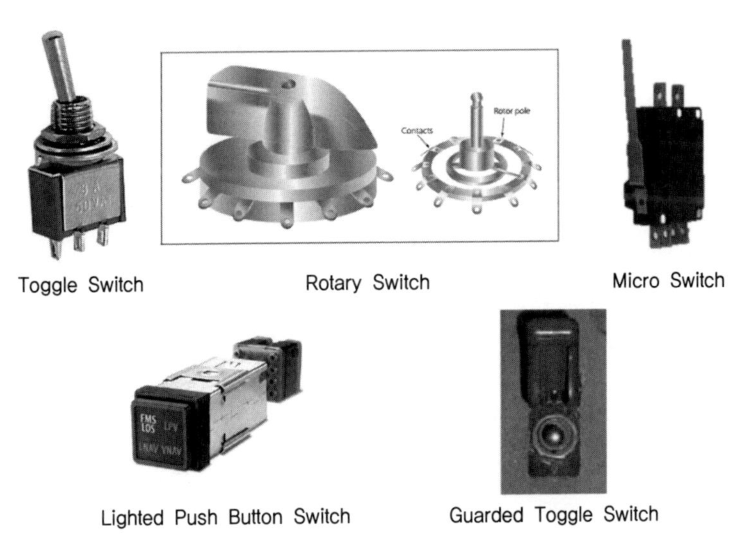

그림 2-52 스위치 종류

⑤ 스위치 안전장치(Switch Guards)

가디드 스위치(안전장치를 한 스위치)라고도 하는데 이 안전장치는 의도와 관계없이 실수로 스위치 작동을 방지하기 위해 스위치가 ON 하기 전에 다시 한번 확인한 후에 작동하도록 처음부터 적색 덮개로 덮고 때로는 안전 결선을 하여 함부로 작동을 못하도록 한 스위치로 대체적으로 화재 진압 계통 등에서 사용된다.

⑥ 전자석 스위치(Electromagnetic Switch)

전자석 스위치는 계전기(relay)와 솔레노이드(solenoids)특성을 이용해서 적은 량의 전류로 대용량의 전류를 제어하는데 사용을 한다. 대체적으로 낮은 직류(DC)를 이용해서 대용량을 교류 전류를 제어하는 것이다.

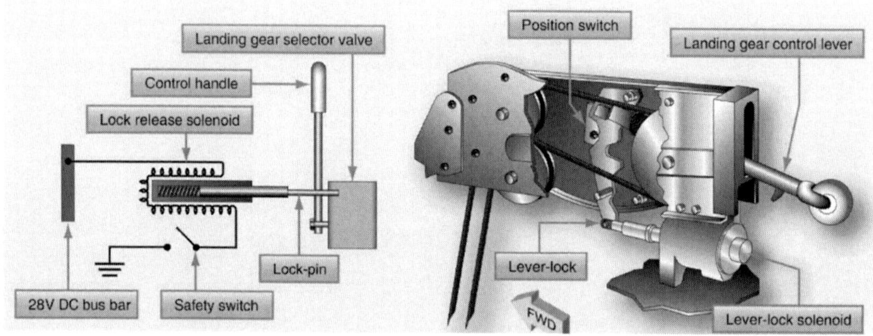

그림 2-53 전자석 스위치(Electromagnetic Switch)

11 회로보호장치

비행 중 전기회로에서 전기적인 합선(electrical short)이 발생하면 부하(load)를 거치지 않고 고(高)전류로 누전(leakage)가 발생하게 된다. 설계 시 허용용량 이상으로 전류가 흐르게 되면 과열이 발생하고 계속되면 화재가 발생할 수도 있다. 항공기에서 과도한 전류로 인한 손상이나 고장 그리고 화재 발생할 수도 있어 이를 방지하고자 회로 차단기(CB. Circuit Breaker), 퓨즈(fuse), 열 보호장치(thermal protector)등과 같은 회로 보호 장치를 장치하고 있다.

11.1 퓨즈(Fuse)

전체 회로의 전류가 회로 보호 장치인 퓨즈(fuse)를 지나가도록 설계가 되어 있다. 비스무스(Bi)의 합금으로 만든 퓨즈는 회로에 흐르는 전류가 정격 용량을 초과해서 흐르면 스스로 녹아서 회로가 끊어지게 한다.

과도한 전류의 주요 원인으로 단락(short circuits), 과부하(overloading), 불일치(mismatched loads)로 인한 부하(load) 또는 장치 고장(device failure)이 있다.

퓨즈는 회로 차단기(circuit breaker)의 대체품으로 사용될 수 있다. 퓨즈는 재사용이 불가하며 퓨즈의 단위는 전류의 크기 즉 ampere로 정한다. 새것으로 교환할 때는 제작사의 정확한 용량과 형태의 퓨즈를 참고하고 절대 더 큰 용량의 퓨즈로 교환해서는 안 된다.

퓨즈(Fuse) 퓨즈 기호(Fuse Symbol)

그림 2-54 퓨즈와 퓨즈 기호

11.2 회로 차단기(Circuit Breaker)

회로 차단기(circuit breaker)는 회로보호장치 중 하나로 퓨즈와 마찬가지로 사전에 정해진 정격 전류 값을 넘어 과전류가 흐르게 되면 차단이 되어 회로를 보호하도록 되어 있어 항공기에서는 각 계통 별 모든 전원에 연결이 되어 있다.

전기 모선(bus)에서 전원이 회로 차단기를 걸쳐서 계통에 연결이 되며 과전류가 흘러 트립(trip)이 되었어도 다시 리셋(reset)을 통해서 재사용이 가능하다.

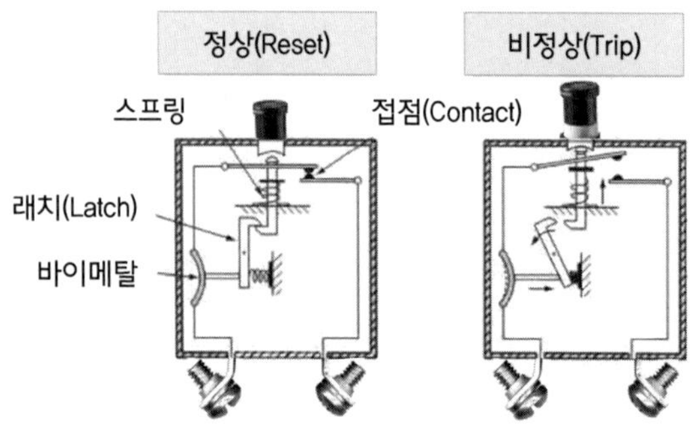

■ 작동설명 : 바이메탈식 회로차단기는 과전류가 한쪽 터미널에서 다른 쪽 터미널로 흐르게 되면 열팽창계수가 다른 바이메탈(Thermal Device)이 구부러지면서 래치를 밀게 된다. 이때 래치가 풀리면서 스프링 힘에 의해서 푸시풀 버튼식인 헤드가 우측같이 trip이 되면서 접점이 끊어지고 이어서 전류의 흐름이 끊어진다.

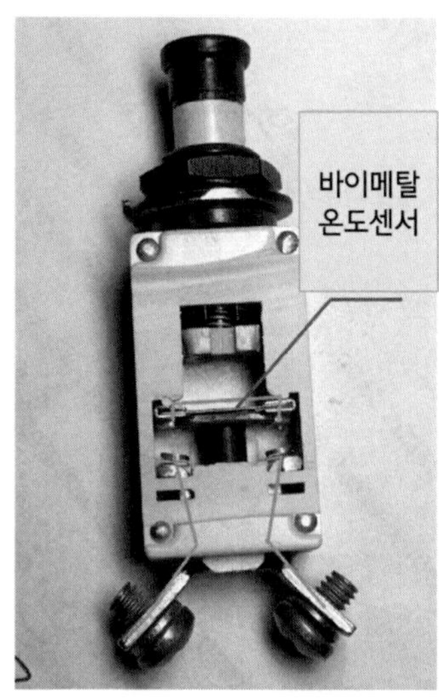

그림 2-55 회로 차단기 내부 회로도

오늘날 항공기에 사용하는 회로 차단기는 전자식 형과 바이메탈 형이 있으며, 항공기의 전체 부하를 감시 및 제어하는 배전계통 컴퓨터에 의해서 작동되는 회로 차단기가 유용하게 사용되고 있다. 이러한 회로차단기에는 RCCB(Remote Control Circuit Breaker)등도 있다. 한번 trip 된 회로차단기는 trip 된 원인을 찾기 전에 강제로 다시 reset 하는 것은 부품 손상뿐만 아니라 화재 등을 유발 할 수 있으므로 주의해야 한다.

11.3 열 보호 장치(Thermal Protector)

열 보호 장치는 열 보호 스위치라고도 하며, 전기에 의해 가동되는 전동기 등이 장시간 동안 작동으로 인해 온도가 지나치게 상승하는 것을 예방하기 위해 자동으로 회로가 개방되도록 설계되어 있다. 이 또한 열팽창 계수가 다른 바이메탈을 이용하여 열에 의한 기계적인 변형의 힘을 이용하여 회로를 차단하는 스위치 역할을 한다. 이는 차단된 후 온도가 내려가면 다시 회로가 연결되어 작동이 되는 점이 퓨즈나 회로 차단기와 다른 점이다.

11.4 전류 제한기(Current Limiter)

전류 제한기는 설계 상 입력 단에 설치하여, 미리 정한 값 이상의 전류가 흘렀을 때 일정시간 내의 동작으로 정전시키기 위한 장치이다. 주로 일반 상용에서 전력회사 등에서 주로 사용하고 있다. 예를 들면, 10A의 것은 12A를 초과하면 동작하도록 만들거나 20A에서는 2분 이내에, 40A에서는 10초 이내에 동작하는 등으로 과전류로부터 부하를 보호하는 것이다.

전류 제한기의 특징은 한참 동안 어느 정도의 과전류가 계속 흐르게 되는 특징이 있다. 항공기에서는 거의 사용이 되고 있지는 않지만 일반 상용에서 많이 사용되고 있는 것으로서 S브레이커가 있는데 이는 동작 코일을 내장하고 있어서, 과전류가 흐르면 그 전자기력(電磁氣力)에 의해서 동작한다.

12 인덕터(Inductor)

인덕터는 간단히 말해 코일이다. 회로에서 저항, 콘덴서와 함께 3대 수동 전자 부품이다. 19세기경 전류의 자기작용에 대한 발견이 이루어진 후 패러데이에 의해 전자기 유도의 원리가 발견 된다. 즉, 코일에 전류를 가하면 자기장이 생기며 반대로 코일에 자기장을 가하면 전기가 발생된다는 원리이다. 이런 원리는 이후 눈부신 발전을 이루어 모터, 발전기 등이 사용된다.

인덕터는 구리나 알루미늄 등을 절연성 재료로 감싸고 코일을 감아서 만드는 인덕터에 전류를 가하게 되면 전류의 변화량에 비례해 전압을 유도함으로써 전류의 급격한 변화를 억제하는 기능을 한다.

① 기호 : L(linkage)

② 단위 : pH(피코 헨리), μH(마이크로 헨리), mH(밀리 헨리)

12.1 인덕터의 종류

① 공심 인덕터(Air Core Inductor)

코일의 가운데를 비워두거나 플라스틱, 세라믹 등의 비자성 물체를 이용한 인덕터로 아주 작은 인덕턴스나 높은 주파수(수백MHz 이상)회로인 무선관련 회로에 많이 사용된다.

② 철심 코어 인덕터(Ferromagnetic Core Inductor)

코일의 가운데에 페라이트나 철 등의 강자성체를 이용하여 인덕턴스를 높인 인덕터로서 광대역 회로와 전자 부품에 주로 사용된다.

③ 가변 인덕터(Variable Inductor)

인덕턴스 값을 가변적으로 변경시킬 수 있는 인덕터로서 도선 사이의 거리 혹은 인덕터와 주위에 형성된 금속판 사이의 거리를 변화시킴으로써 가변적으로 값의 변경이 가능하다. 라디오 동조 역할을 하기도 한다.

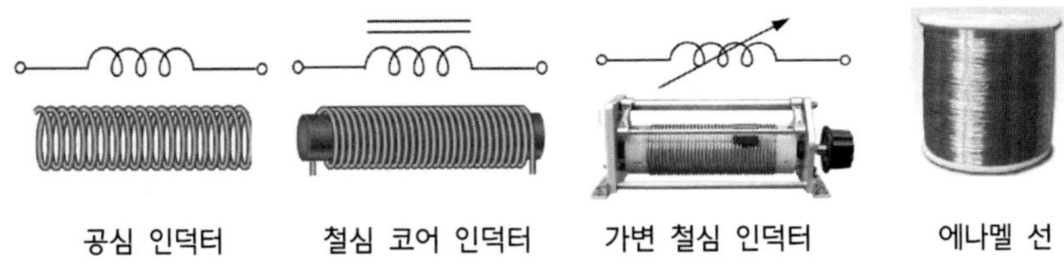

그림 2-56 인덕터의 종류, 기호 및 에나멜 선

시험기기 사용법

1. 테스터(Multi-Meter Tester) 사용
2. 전원공급기
3. 멀티미터 사용법 (How to Measure)

1 테스터(Multi-Meter Tester) 사용

전기전자분야에서 테스터(tester)란 소자들의 양부 판정 및 회로상에서 회로 연결 여부 및 출력되는 신호들을 검사하는데 사용한다. 하나의 메터로 여러 종류의 측정이 가능하여 멀티미터(multi-meter)라고도 한다.

멀티미터는 저항측정, 직류 및 교류 전압 측정, 직류 전류 측정, 인덕턴스 측정, 전압비 측정, 트랜지스터 검사, 콘덴서의 검사 등을 할 수 있는 회로시험기이다.

멀티미터의 종류는 제조회사, 측정 용량, 외형 등에 있어 매우 다양하지만 기본 구성, 측정 방법, 눈금 읽는 방법 등은 거의 유사하다. 여기서는 일반적으로 많이 사용되는 디지털 멀티미터와 아날로그 멀티미터의 사용법에 대하여 간략히 소개한다.

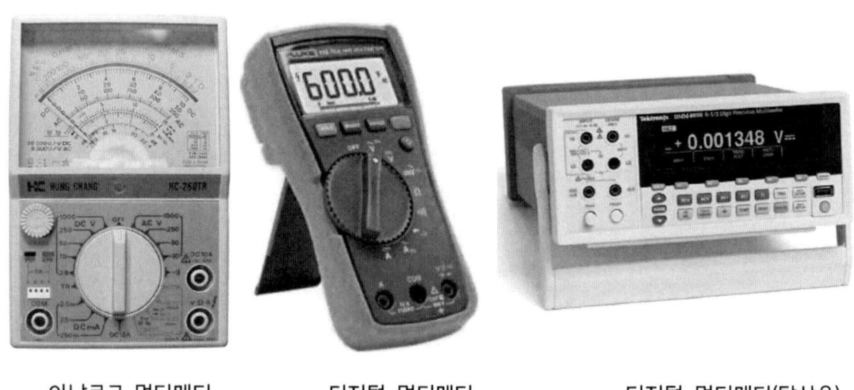

아날로그 멀티메터 디지털 멀티메터 디지털 멀티메터(탁상용)

그림 3-1 아날로그와 디지털 멀티메터 종류

1.1 아날로그 멀티미터

1.1.1 측정대상

직류전압(DC volt), 교류전압(AC volt), 직류전류(DC current), 저항(resistor), 단선 유무, 캐페시터(capacitor) 양부, TR 종류 구분 등을 할 수 있다.

1.1.2 멀티미터 제원

범위(range)가 적어 교류(AC) 전류 측정은 불가능 하지만, TR의 종류 구별기능, 회로의 단락여부를 시험할 수 있는 음향(sound)기능, 작동을 위한 건전지 및 회로 보호를 위한 퓨즈(fuse)가 내장 되어 있다.

표 3-1 멀티메터 테스터 제원

구분	내용
모델번호	HC-260TR
DC 전압 측정	2.5, 10, 50, 250, 1000 V
AC 전압 측정	10, 50, 250, 1000V
DC 전류 측정	2.5mA, 25mA, 250Ma, 10A
저항 측정	0-2000, 0-20000, 0-2MB, 0-20MB
사용전지(Battery)	1.5V x 2 개, 9V x 1 개 내장
과부하보호회로	메터 보호 용 다이오드 2개, 휴즈 0.5A/250V 1개

1.1.3 멀티미터 부분품 명칭

① 눈금판 : 약 90° 원호에 저항, 전압, 전류 등을 표시한 눈금이 있으며, 얇은 지시바늘이 있어 보다 정밀하게 측정할 수 있음

② 지침 "0"점 조절기 : 지시바늘의 "0"점 위치를 조절하는 스크루이며, 전압, 전류 등을 측정하기 전에 반드시 확인해서 일치시켜야 함

③ "0"점 저항 조절기 : 저항을 측정하기 전에 흑색 리드선과 적색 리드선을 결합시켜 지시바늘이 저항눈금의 "0"을 정확히 지시하도록 조절해야 함

④ 트랜지스터 검사소켓 및 램프 : 트랜지스터의 이미터(E), 베이스(B), 컬렉터(C) 단자를 찾거나 이상여부를 판별할 때 사용, 램프는 적색과 녹색 LED로 구성

⑤ 범위선택 스위치 : 로터리식 선택스위치이며, 직류전류, 직류 및 교류 전압, 저항, TR 등에 대한 정밀측정을 위한 레인지 선택

⑥ 입력소켓 : (+)V,Ω,A 소켓에는 적색 리드선을 연결하고 (-)COM 소켓에는 흑색 리드선을 연결하는 소켓

⑦ 입력소켓(10A) : 1A이상인 고전류 회로에서의 전류를 측정하고자할 때 적색 리드선과 연결하는 소켓

⑧ 출력 소켓 : 회로 시험을 위한 전원이 필요한 경우, 9V 전압을 출력하는 소켓

⑨ 부저(buzz) : 부품이나 회로의 단락과 개방을 검사할 때 선택

- 단락 : 저항이 작으므로 부저 소리가 난다.
- 개방 : 저항이 크므로 부저 소리가 나지 않는다.

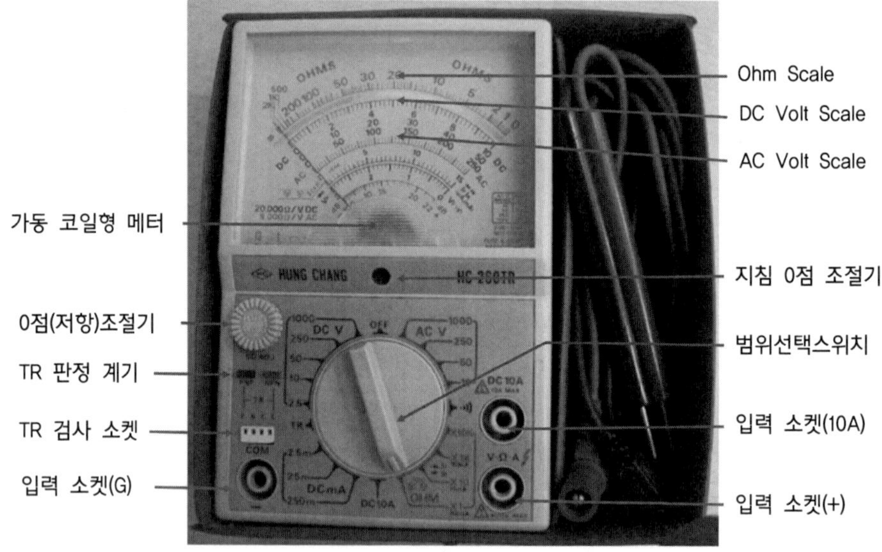

그림 3-2 멀티메터 각부분 명칭

1.1.4 테스터 사용시 주의 사항

① 그림 3-3과 같이 본체 입력소켓에는 VΩA에는 적색(red) 리드선을 연결하고 COM에는 검정색(black) 리드선을 연결하여야 한다. 리드선 색깔은 +/-의 의미가 있으므로 처음부터 정확히 연결을 하여야 한다. 그리고 고압 측정 시 계측기 사용 안전 규칙 준수한다.

② 사용하기 전 계측기 지침이 0 점 확인 및 작동 여부를 확인한다.

③ 측정값을 모를 때에는 높은 범위부터 선택한다.

④ 측정하고자 하는 것(V.A.Ω) 등을 정확히 파악하고 극성을 확인 수 측정하여야

한다. 내부에 회로 보호를 위해서 FUSE 가 내장 되어 있으므로 수시로 확인하여 교환하여야 한다.

⑤ 멀티메터 구동을 위해 3VDC(1.5VDC 긴전지 2개) 그리고 9VDC 건전지가 내장 되어 있으며 3VDC는 10KΩ 이하의 낮은 저항측정 시 사용하고 9VDC는 10K Ω이상의 저항 및 TR 등을 시험할 때 사용한다. 사용 후 반드시 전원 off 하고 주기적으로 건전지 전압을 확인하여 교체하여야 한다.

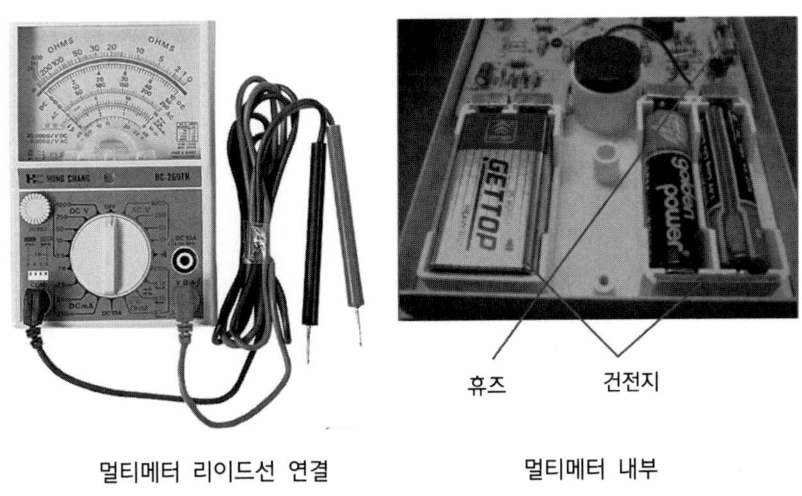

멀티메터 리이드선 연결　　　　멀티메터 내부

그림 3-3 멀티메터 내부 주요 부품

① 그림과 같이 본체 입력소켓에는 VΩA에는 적색(red) 리드선을 연결하고 COM에는 검정색(black) 리드선을 연결하여야 한다. 리드선 색깔은 +/-의 의미가 있으므로 처음부터 정확히 연결을 하여야 한다. 그리고 고압 측정 시 계측기 사용 안전 규칙 준수한다.

② 사용하기 전 계측기 지침이 0 점 확인 및 작동 여부를 확인한다.

③ 측정값을 모를 때에는 높은 범위부터 선택한다.

④ 측정하고자 하는 것(V.A.Ω) 등을 정확히 파악하고 극성을 확인 수 측정하여야 한다. 내부에 회로 보호를 위해서 FUSE 가 내장 되어 있으므로 수시로 확인하여 교환하여야 한다.

⑤ 멀티메터 구동을 위해 3VDC(1.5VDC 건전지 2개) 그리고 9VDC 건전지가 내장

되어 있으며 3VDC는 10KΩ 이하의 낮은 저항측정 시 사용하고 9VDC는 10KΩ이상의 저항 및 TR 등을 시험할 때 사용한다. 사용 후 반드시 전원 off 하고 주기적으로 건전지 전압을 확인하여 교체하여야 한다.

1.2 디지털 멀티미터

일반적으로 항공정비사는 아날로그전압계, 아날로그전류계, 그리고 아날로그저항계 등을 많이 사용해 왔다. 이것은 보통 전압·저항·밀리암페어계(VOM)이라고 부르는 통합된 하나의 계기로 제작된다. 최근에는 사용이 편한 디지털멀티미터(DMM)와 디지털전압계(DVM)를 더 많이 사용하는 추세이다.

지시바늘로 된 구형 아날로그멀티미터와 비교하면 디지털 멀티미터는 측정이 쉽고 더 정밀하다. 아날로그멀티미터의 눈금을 정밀하게 읽는 것이 쉽지 않으며, 숙련도에 따라 측정오차가 발생하기도 한다. 또한 아날로그멀티미터 내부저항의 부하특성이 회로와 측정에 영향을 준다. 그러나 디지털전압계(DVM)는 높은 입력저항을 사용해 부하효과를 줄여주기 때문에 오차가 적고 더 정밀하다.

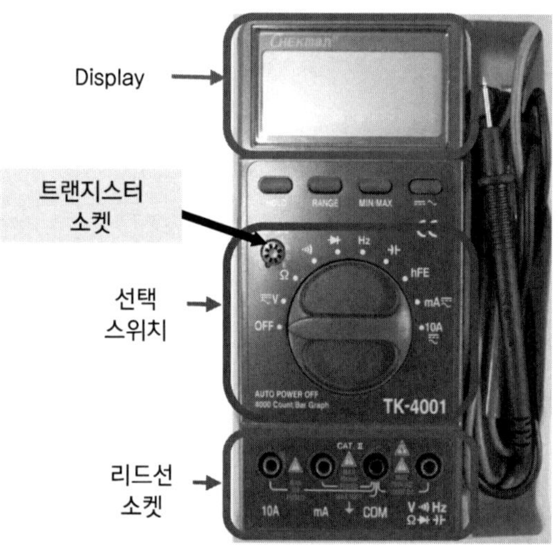

그림 3-4 디지털멀티미터(TK-4001)

1.2.1 전압 측정

그림 3-5 전압 측정의 위한 설정

1.2.2 전류 측정

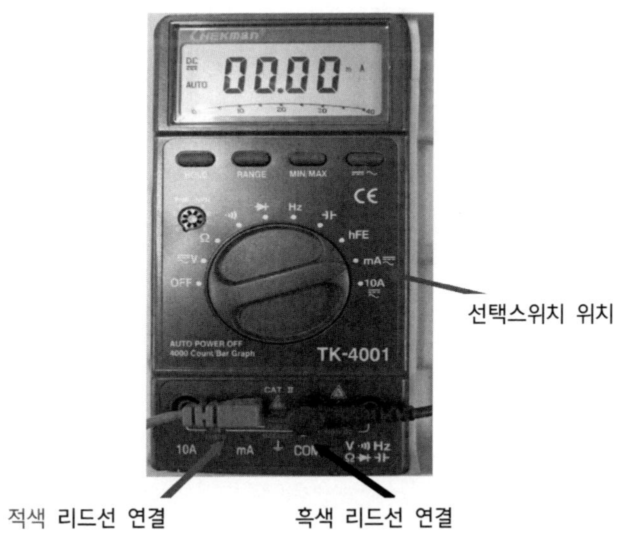

그림 3-6 전류 측정의 위한 설정

1.3 메가옴미터(Megohmmeter)

1.3.1 메가옴미터의 작동원리와 구조

절연저항계(megohmmeter)는 수동발전기를 내장하고 있는 고범위 저항계 이다. 이것은 접지저항이나 절연저항과 같은 높은 저항을 측정하기 위해 사용한다. 또한 전력계통의 접지, 연속상태, 그리고 회로시험을 위해 사용하기도 한다. 멀티미터나 다른 저항계와의 차이점은 저항을 측정하기 위해 공급하는 전압이 고전압, 또는 "항복" 전압이라는 것이다. 절연저항계의 사용 목적은 절연체가 전위전계작용 상태에서 단락되거나 또는 누전되지 않을 것이라는 것을 보장하는 것이다.

그림 3-7과 같이 메가옴미터의 내부구조는 (1)측정에 필요한 전류를 공급하는 수동 직류발전기 G, (2)측정된 저항 값을 지시하는 계기 부분으로 구성된다. 계기 부분은 서로 대치된 코일형이다. 코일 A와 코일 B는 일정각도로 서로 고정된 구동부재에 장착되어 있으며, 자기장 내에서 자유롭게 회전할 수 있다. 코일 B는 반시계방향으로 지시 바늘을 회전시키려 하고, 코일 A는 시계방향으로 회전시키려 하는 경향이 있다. 코일은 베어링을 주축으로 회전하며, 경량의 구동 프레임에 설치되고 O축을 기준으로 회전할 수 있다.

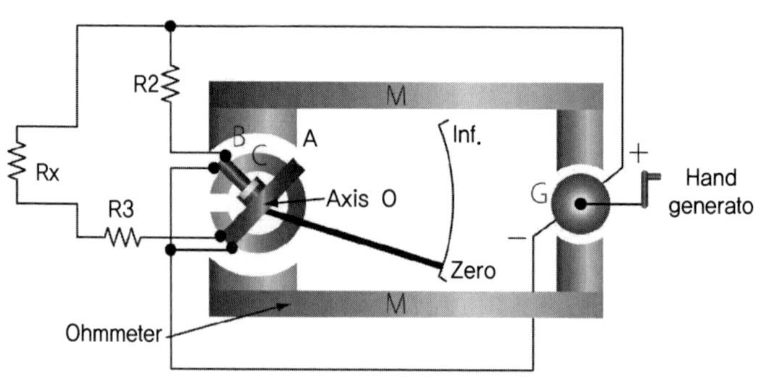

그림 3-7 메가옴미터의 내부구조

코일 A는 저항 R3과 측정하고자 하는 미지의 저항 Rx와 직렬로 연결된다. 코일 A, R3, Rx의 결합은 직류발전기의 (+)와 (-)극 사이에 직렬로 연결된다. 코일 B는 저항 R2와 직렬로 연결되고 또한 발전기에 직렬로 연결된다. 메가옴미터 계기 부분의 구동부재에는 유지스프링이 없다. 지침은 발전기가 동작하지 않을 때는 자유롭게 움직인다.

만약 단자 사이에 저항이 연결되지 않았다면, 전류는 코일 A에는 흐르지 않고 코일 B에만 흐르며, 지시바늘을 반시계방향으로 회전시킨다. 이때, 코일 B는 철심과 철심의 중앙에 위치하며, 바늘은 무한대 눈금을 지시하게 된다.

단자 사이에 저항을 연결하면, 코일 A를 통해 전류가 흐르고 지시 바늘을 시계방향으로 회전시키려는 회전력이 발생한다. 따라서 지시 바늘은 이 회전력과 코일 B에 발생하는 반시계방향 회전력이 서로 평형이 되는 위치에서 멈추게 된다.

만약 단자가 폐회로이면, 코일 A에 흐르는 전류는 최대가 되고 바늘은 영을 지시하게 된다. 저항 R3는 최대 전류를 제한함으로서 계기 손상을 방지하는 역할을 한다.

그림 3-8 메가옴미터(IR4056-20)

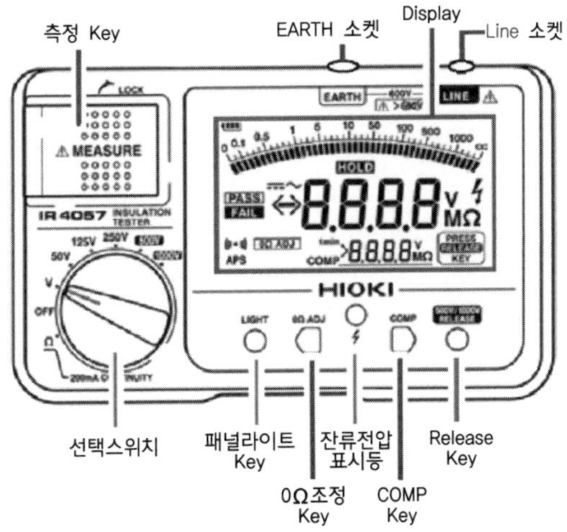

그림 3-9 메가옴미터 각부명칭

2 전원공급기

2.1 직류 전원 공급기(TDP-303A)

2.1.1 지시 패널(Panel)의 구성과 기능

① 전원 스위치 : 푸시 버튼 스위치(한번 누르면 ON, 다시 누르면 OFF)

② CC LED(정전류 표시) : 정전류 상태임을 나타내는 표시 램프, 회로가 단락되어 과도한 전류가 흐르고 있음을 경고함

③ CV LED(정전압 표시) : 정전압 상태임을 나타내는 표시 램프, 회로에 공급되는 전압이 안정적임을 의미함

④ 전류계 : 출력 전류를 표시

⑤ 전압계 : 출력 전압을 표시

⑥ 전압조정 노브 : 출력 전압을 조절하는 주 조정 손잡이

⑦ 전압조정 노브 : 출력 전압을 미세하게 조절하는 손잡이

⑧ 전류조정 노브 : 출력 전류을 조절하는 주 조정 손잡이

⑨ 전류조정 노브 : 출력 전류을 미세하게 조절하는 손잡이

⑩ (-)터미널 소켓 : (-)극 출력단자

⑪ (GND) 터미널 소켓 : 접지 단자로 그라운드에 접지하여 사용

⑫ (+)터미널 소켓 : (+)극 출력단자

⑬ 제품 번호 및 사양

⑭ 입력전원 플러그 : 220V 입력을 위한 플러그 단자

⑮ 퓨즈삽입 단자 : 3A 퓨즈

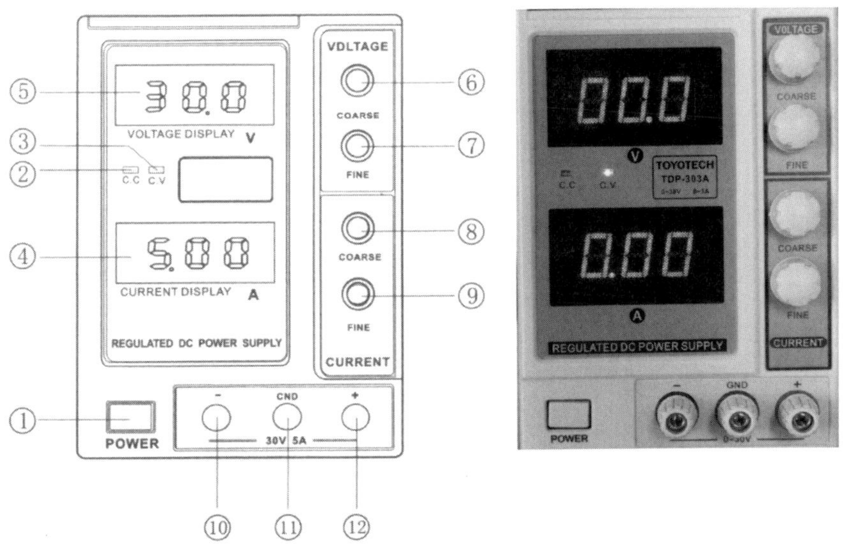

그림 3-10 직류 전원 공급기(TDP-303A)

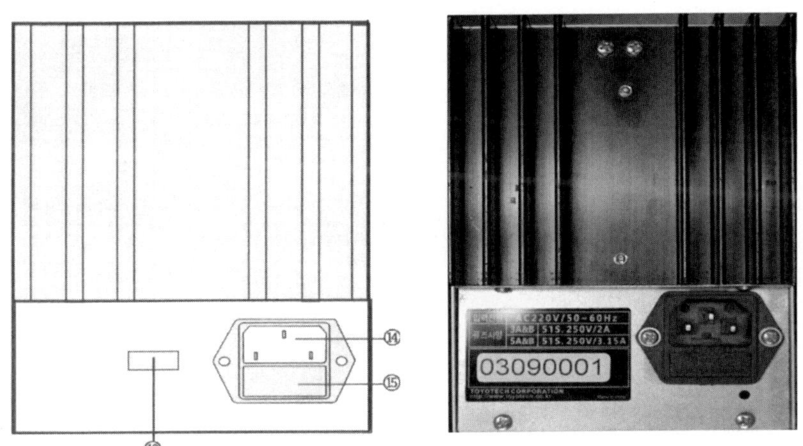

그림 3-11 전원공급기 후면

3 멀티미터 사용법(How to Measure)

이 장에서는 각종 시험이나 교육용으로 테스터의 기본형인 아날로그 멀티미터를 기본으로 설명한다.

3.1 저항 측정(Resistance)

멀티미터에서 가장 많이 사용하는 부분이 저항 측정이며 또한 회로의 단락 여부(continuity check) 용도로 많이 사용되며 이는 멀티미터 내부의 전지를 이용하여 외부의 프로브에 연결된 저항에 전압을 인가하여 저항을 측정한다. 아날로그 방식에서는 저항에 인가된 전압에 따른 전류가 무빙코일과 연결되어 전류가 측정된다. 저항을 측정할 때는 **회로에서 분리하여** 저항 단독으로 연결해야 한다. 다음 그림은 저항 측정할 때마다 0점 조절을 하는 것을 보여 주고 있다.

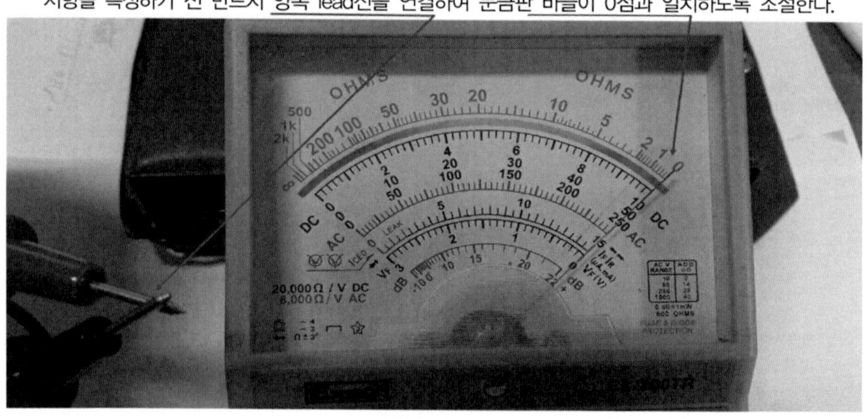

그림 3-12 멀티메터 저항 0 점 조절

① 기계적 0점 조절 - 바늘이 왼쪽 끝에 일치하도록 조절한다(대부분 이미 조절이 되어 있음).

② tester lead - 선(흑색)은 COM 입력소켓(G)에 + 선(적색)은 VΩA입력소켓(+)에 연결하고 range스위치를 가장 낮은 단위인 X1에 선택한다.

③ tester lead를 서로 접속하면 지침이 0점(우측 끝)에 가까이 지시한다. 0점에 일치 하도록 영점 조절기로 조절한다.

④ 저항기 양단에 tester lead를 연결하여 값을 읽는다.

⑤ 지시하는 눈금 값과 range의 배율을 곱하여 값을 읽는다. 가능한 지침이 가운데 부분에 오도록 한 후 측정값을 읽는 것이 정밀도에서 유리하다. 그리고 range 선택 스위치를 변경할 때 마다 언제든지 영점 조절을 다시 하여야 한다.

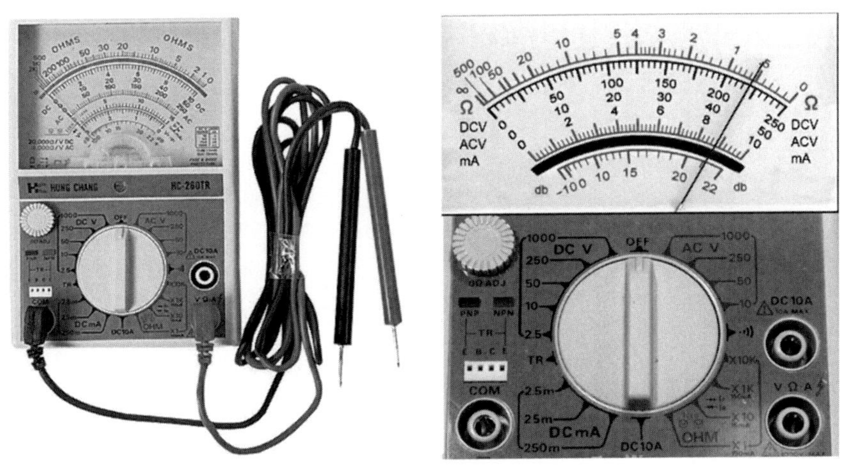

기본 리이드선 연결. 저항. 전압. 전류 눈금판 및 측정대상 및 범위선택스위치

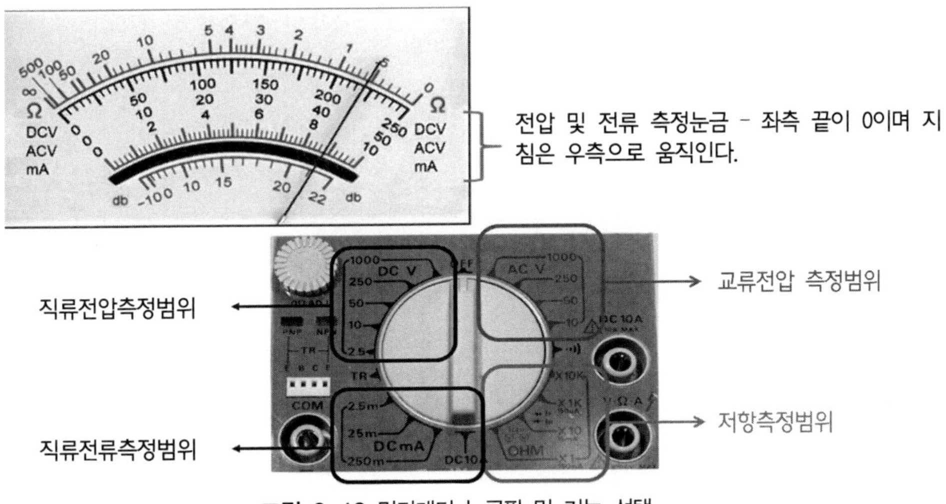

그림 3-13 멀티메터 눈금판 및 기능 선택

⑥ 저항측정범위에서 선택 스위치를 X1, X10, X1K, X10K 중에서 선택하고 상기 그림에서 눈금판 녹색부분에서 지시하는 값에 저항측정 범위값을 곱하면 측정 저항값이 된다. 예를 들어 저항 측정 범위를 X10으로 선택한 상태에서 저항값이 상기값을 지시했다면 측정한 저항값은 55Ω(5.5×10)이 된다.

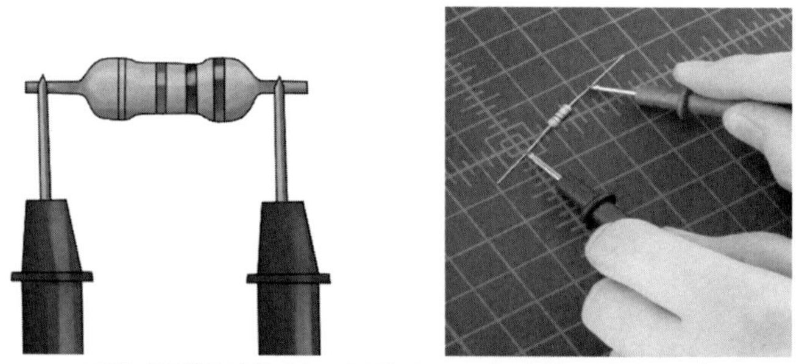

저항 측정(극성은 없고 독립적으로 측정하는 것이 중요)

그림 3-14 저항 측정

⑦ 회로 단락 점검(continuity test) - 선택스위치를 Sound Symbol에 선택을 하면 저항 측정과 같은 기능을 제공한다. 저항값을 지시하는 대신 소리로 회로의 단락 여부를 확인 하는 기능이다. 저항의 유뮤보다 단락상태만 확인하거나 많은 전선 중에 하나의 전선을 찾을 때 유용하게 사용하는 기능으로 전선이 끊어지지 않았으면 전류가 흐르면서 소리가 나고 전선이 끊어졌으면 소리가 안 나는 방식이다.

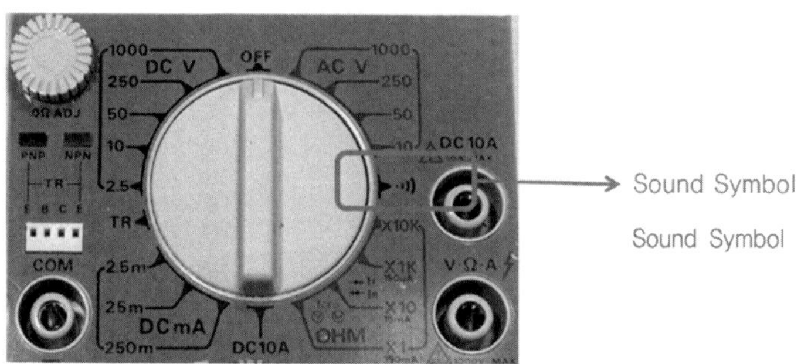

그림 3-15 단선(open) Sound 기능

3.2 직류 전압 측정(DC Volt)

교류(AC)와 직류(DC)를 측정할 수 있는 기능이 있으며 저진압을 측정하는 것은 리이드선 프로브를 통해서 측정하는 전압은 내부의 저항(높은 임피던스)을 걸쳐 전압을 내리고 이것을 무빙코일(moving coil)과 연결하여 전류가 흘러 측정된다. 이에 비해 디지털메터에서는 내부의 높은 임피던스를 거려 전압을 내리고 내부 저항에 걸린 전압을 ADC을 통해 수치화해서 지시한다. 직류(DC)를 측정할 때는 극성을 먼저 확인하여야 한다. 대체적으로 흑색 lead 선은 negative (-), 적색 lead 선은 positive(+)이다. 극성을 잘못 연결한 상태에서 DC 전압을 측정하면 지시값이 눈금판 좌측끝에서 좌측으로 움직인다.

전압 및 전류 측정눈금 - 좌측 끝이 0이며 지침은 우측으로 움직인다.

그림 3-16 멀티메터 기능별 측정 눈금판

① 직류전압의 크기를 모를 때는 높은 직류전압측정범위를 선택한다. 대체적으로 2.5V에서 1000V까지 선택할 수 있다. 이수치는 눈금판의 10.50.250과 일치하게 되어 있다.

② 직류전압이나 전류측정 시에는 극성이 있다는 것을 항시 염두에 두고 적색(red) 단자 프로브를 +에 검정색 단자 프로브를 - 에 연결한다. 만일 지침이 역으로 움직이면 신속하게 분리하여 극성을 변경한다.

③ DC 눈금판에서 range에 맞는 눈금을 읽는다.

④ 직류전압측정범위에서 50에 선택한 상태에서 상기와 같이 지시한다면 측정전압은 44VDC가 된다.

3.3 직류/교류 전류 측정(DC/AC Current)

전압은 부하에 걸리는 전압을 병렬로 연결하여 측정하지만 전류를 측정할 때에는 직렬로 측정기를 연결한다. 그림 3-17과 같이 전원에서 부하인 전구에 흐르는 전류를 측정하려면 해당 전선을 절단하고 두 lead 선을 양쪽으로 연결해야 전류가 측정된다. 그 전류의 크기는 전원의 전압에 비례하고 부하의 저항크기에 반비례한다. 과전류를 방지하기 위해 내부에 휴즈(fuse)를 사용하여 보호하고 있다. 다만 교류인 경우는 전류가 크고 전선을 절단해야 되므로 테스터로는 교류 전류는 측정을 하지 않고 전선을 절단하지도 않고 전류를 측정할 수 있는 HOOK METER를 이용한다. 여기에서는 직류 전류 측정 실습만 하도록 한다.

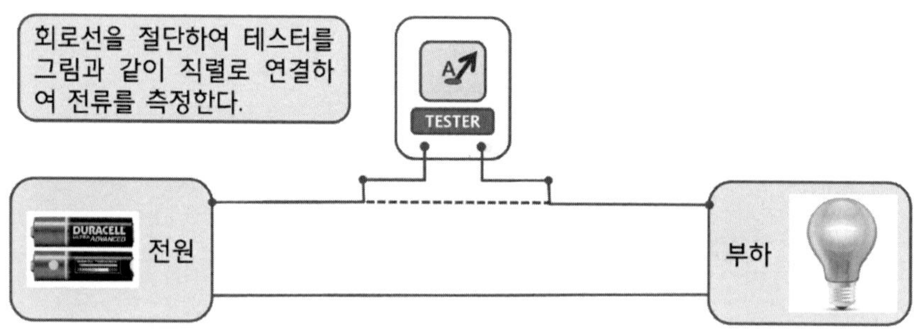

그림 3-17 직류 전류 측정

① 정확하게 모르는 전류를 측정 할 때는 높은 range를 선택한다.

② 회로를 끊고 측정하고자 하는 곳과 멀티메터를 직렬로 연결한다.(그림 참조)

③ 극성에 맞춘다. 적색 : + (positive) 흑색 : - (negative) 에 연결한다.

④ 상기에서 직류전류범위를 25m에 선택한 상태에서 상기 그림처럼 값을 지시한다면 전체 범위가 25m이므로 약 22mA 정도 된다.

⑤ 전류 range를 선택하고 전압을 측정하면 즉시 계기 파손 위험이 있다.

3.4 교류 전압 측정(AC VOLT)

교류전압측정은 극성을 고려할 필요가 없다. 다만 직류에 비해 고전압이기에 항시 높은 범위(range)에서부터 선택한다.

① 측정 전압이 예측이 안 되면 높은 range 설정한다.
② DC 전압 측정방법과 같지만 극성이 없다.
③ 교류의 주파수는 보통 1KHz 이내의 범위에서 사용한다.

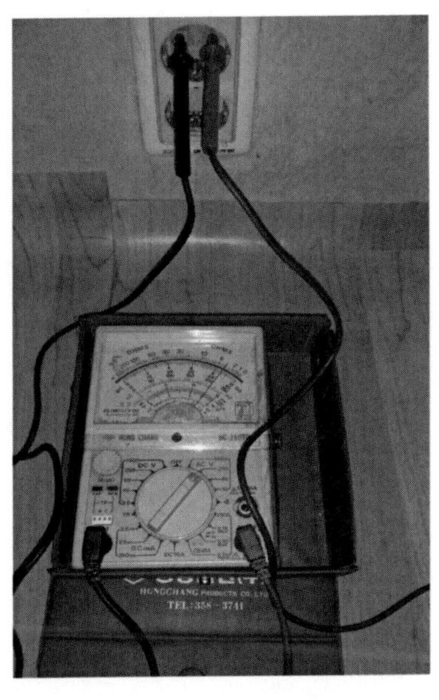

교류전압측정
-일반상용전기 전원에서 교류 전압을 측정하고 있다. Range 선택은 250이고 지시치는 약 220VAC를 지시하고 있다.

그림 3-18 교류 전압 측정

3.5 교류 전류 측정(AC Current)

직류 전류와 달리 멀티 미터 tester로 직접 교류 전류를 측정하는 것은 어렵다. 테스터 내부 측정 범위가 너무 적고 전선을 절단해야 하는 위험이 있다. 대체적으로 전선을 절단하지 않고 높은 전류를 측정할 수 있는 hook meter를 이용한다. 굳이 테스터를 이용해서 교류 전류를 측정하려면 저항을 연결하여 전압을 구한 후 전류 계산해서 간접적으로 구해야 한다.

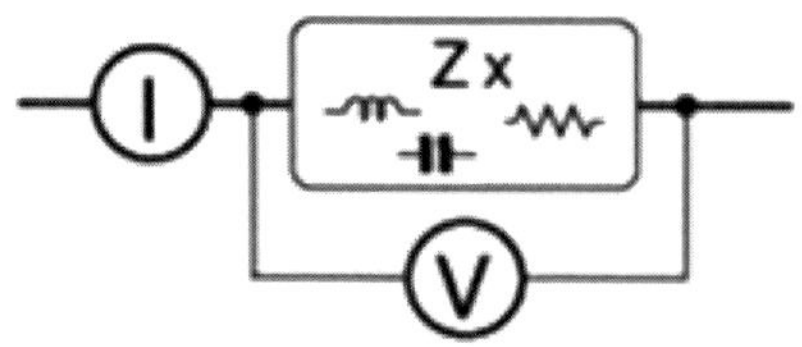

그림 3-19 전압계 및 전류계 연결

3.6 콘덴서(Condenser, Capacitor) 점검

대체로 콘덴서에는 2가지 결함이 발생한다. 한 가지는 절연 파괴로 인한 단락이고 다른 결함은 퇴화로 인한 성능 변질이다. 결함이 예상되거나 시험하고자 하면 회로에서 콘덴서를 분리해서 멀티 시험기나 저항측정기로 점검한다.

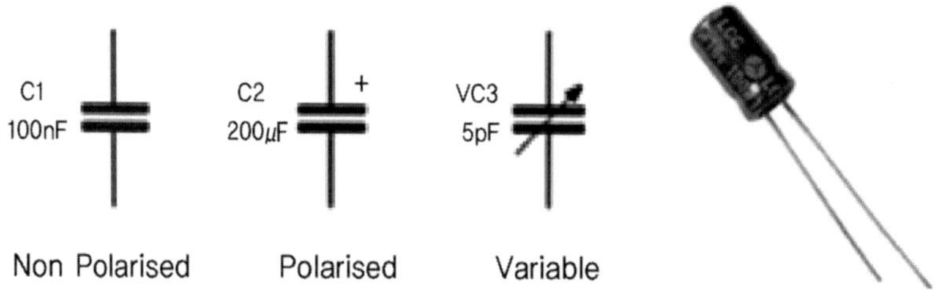

그림 3-20 콘덴서(condenser) 기호 및 실물 사진

① 콘덴서 용량 측정은 불가하나 불량여부를 간단하게 test 할 수 있다.

② 양부 결정을 위해 저항range를 100Ω 혹은 kΩ을 선택한다. 극성이 있는 것도 있다.

③ 콘덴서의 2개 도선을 단락(short)시켜 완전히 방전을 시킨 후 시험기 단자를 연결 하라. 지시 눈금이 크게 움직였다가 0점으로 복귀한다. 극성을 반대로 하면 바늘이 **더 크게** 움직인다. 상기와 같은 현상이면 콘덴서는 양호한 것이다.

④ 용량이 적을수록 높은 저항 range를 선택한다.

⑤ 바늘이 0 혹은 무한대를 지시하면 내부 단선인 것으로 판단할 수 있다. 만약

콘덴서 전해액이 변질되어 불량품이면 바늘이 무한대의 저항이나 개방상태를 지시하지 못하고 중간에 멈춰서 지시한다.

3.7 TR(Transistor. 트랜지스터) 판별

① 기능 선택스위치를 **TR** 위치에 설정하면 적색등과 녹색등이 번갈아 가면서 깜박 **(flashing)** 거린다.

② TR의 둥그런 부분이 밑으로 오게 하여 TR socket에 E.B.C 또는 B.E.C에 맞추어 삽입한다. 적색등이든 녹색등이든 steady ON 될 때까지 EBC 또는 BEC에 삽입한다.

③ 아래의 LED 작동으로 TR Type을 판정한다.

- RED on : PNP ok (우측)
- GRN on : NPN ok (좌측)
- both on : TR open
- both off : TR short

기능 선택을 TR에 놓고 TR을 핀셋에 꽂고 녹색등 또는 적색등으로 TR 형태를 판정한다.

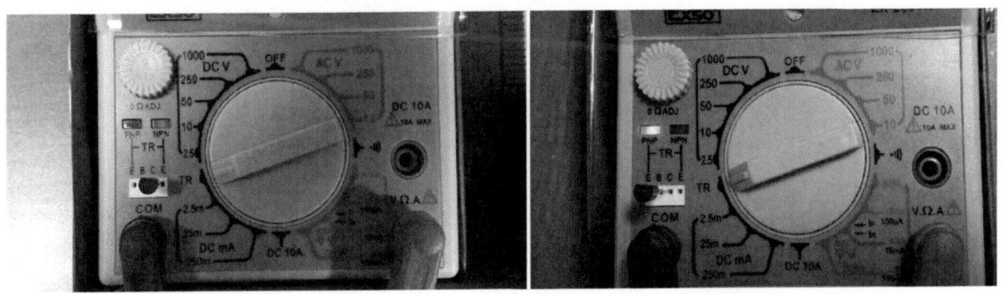

NPN(Green Light) PNP(Red Light)

그림 3-21 TR Type 판별 확인

3.8 다이오드 테스트(Diode Test)

다이오드의 양부를 판단할 수 있다.

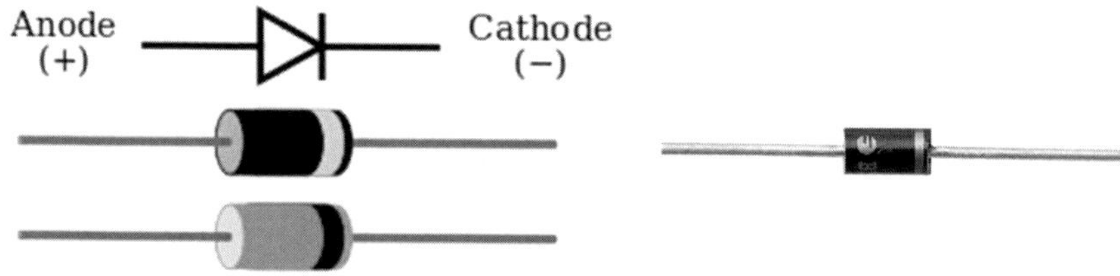

그림 3-22 다이오드(Diode)

① 다이오드는 극성이 있다. 은색 밴드가 표시된 부분이 negative(-)이다.

② 멀티 미터의 기능스위치를 저항 1X 또는 10X에 선택하고 lead선을 극성에 맞게 연결한다. 만일 다이오드가 정상적으로 작동이 된다면 순방향에서는 아래 좌측 그림처럼 저항 값이 0Ω을 지시하고 역방향에서는 ∞Ω이 나온다.

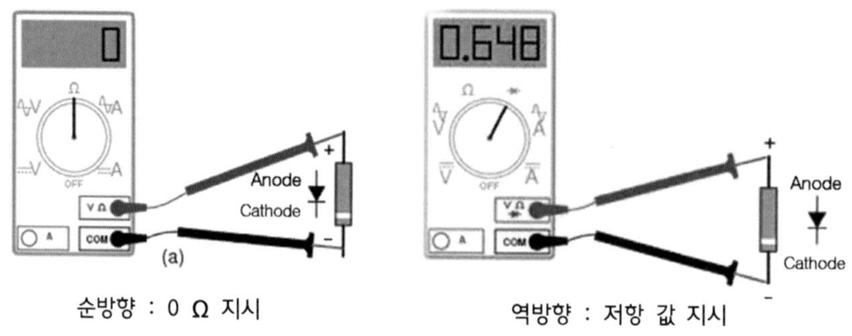

그림 3-23 다이오드 시험

③ 만일 양방향 모두 0Ω을 지시하면 다이오드가 short된 것이고 모두 ∞Ω을 지시하면 open된 것이라고 판단 할 수 있다.

④ 상기와 같이 디지털 메터와는 달리 아날로그 멀티 메터를 사용하게 되면 순방향 및 역방향의 지시치가 반대인 경우가 있다. 아래 사진은 멀티 메터 뒷면에 있는 안내문을 촬영한 것인데 다이오드를 시험하는 경우에는 극성이 반대라는 것을 알려주고 있다.

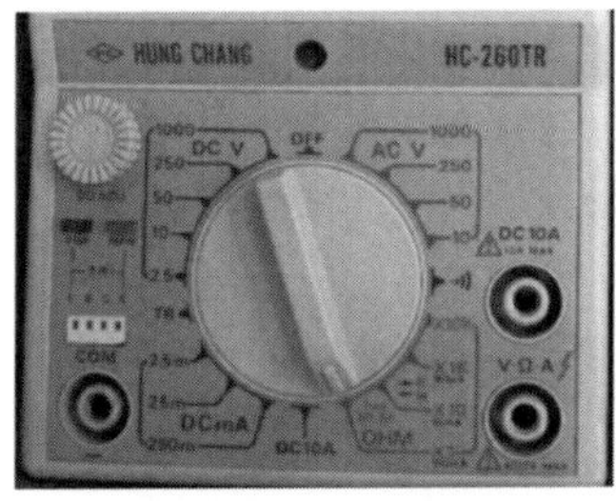

다이오드 측정 시 저항 선택

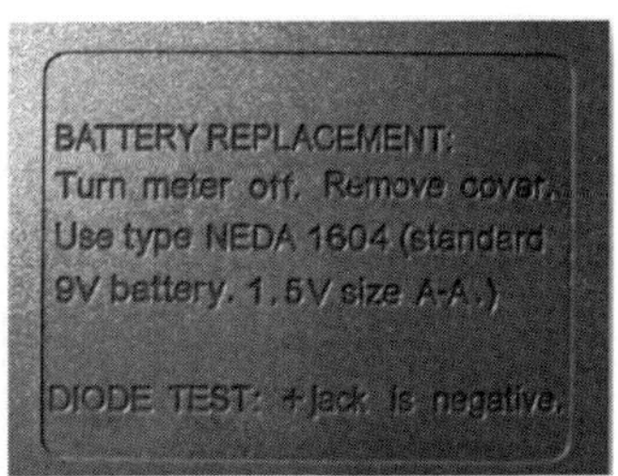

Diode Test : + jack is negative

그림 3-24 다이오드 극성 확인(Diode Polarity on Multimeter)

3.9 발광다이오드 측정(LED)

발광 다이오드(發光 diode)는 순방향으로 전압을 가했을 때 발광하는 반도체 소자이며 LED(Light Emitting Diode)라고도 불린다. 발광 색은 사용되는 재료에 따라서 다르며 작동 전압도 색깔 별로 약간씩 차이가 있다.

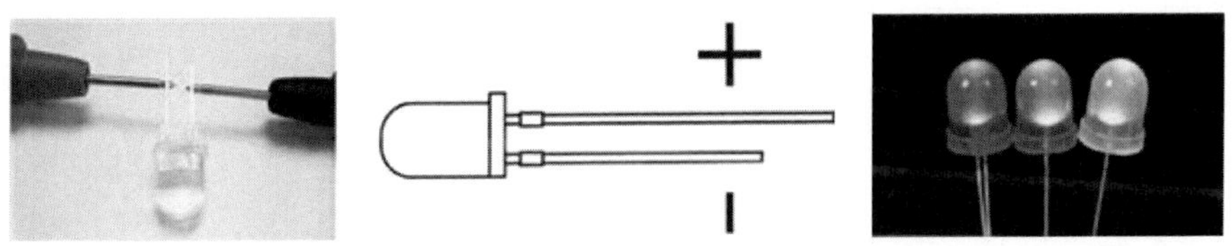

그림 3-25 다이오드 극성(Diode Polarity)

① 발광다이오드(LED) 극성을 찾아서 멀티 메터를 연결한다. 다이오드 lead 두개중 positive(+) 쪽의 다리가 길게 만들어져 있어 외형적으로 판단 용이하다. 작동은 1.2- 4.0 volt 정도 전압을 가하면 불이 켜진다. 고전압이나 역전압을 가하게 되면 발 광 다이오드(LED)는 파손이 된다.

② 멀티 메터의 기능 스위치를 저항에 놓고 극성에 맞게 연결하면 LED가 ON 된다. 극성을 바꾸면 LED 는 OFF 되고 저항 값이 무한대 값으로 나온다.

3.10 황카드뮴 발연감지(CdS)

① CdS란 광량(光量)에 따라 내부저항이 변하는 광전도 효과(photo conductive effect)을 이용한 반도체 포토 센서 소자이다. 광량이 많으면 내부저항이 적어지고 광량이 적으면 내부저항이 커진다. 일반적으론 암(아주 깜깜한 상자속에 넣었을 때) 저항 값은 수10M~수100M옴이 되고 환하게 태양빛을 쏘일 때 수 100 Ω까지 내려간다. 광도전 효과(photo conductive effect)을 이용한 반도체 포도 센서

② 멀티 메터 기능 선택 스위치를 저항에 놓고 CdS 양단에 lead선을 연결하고 CdS 면에 빛을 쪼이면 저항이 적어지고 빛을 가리면 저항 값이 올라간다. 극성은 없다.

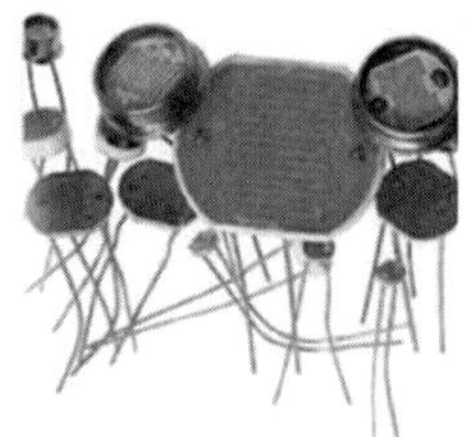

그림 3-26 CdS

3.11 권선(Winding Wire)

① 권선의 정의 : 권선(coil winding)이란 구리선(copper wire) 이나 알루미늄(aluminum wire)선에 절연 물질을 코팅한 선이다. 변압기, 발전기, 전동기 등 전자기기 내부에 코일 형태(coil)로 감겨져 있어 전기에너지를 변환시키는 역할을 한다. 자기(磁氣) 회로를 만들기 위해 코일 속에 넣은 강재와 절연 후 코일 형태로 감는다. 권선 내부 도체(導體)는 주로 전도율이 높은 알루미늄이나 구리를 사용한다. 주로 사용하는 권선의 지름이 0.025 ~ 3.2mm인 둥근 구리선으로 절연형식은 초기에는 절연 테이프 또는 실로 감은 것이 대부분이었으나, 화학공

업의 발달과 더불어 에나멜선이 급속도로 증가 되었다

② 코일(coil)이란 동선과 같은 선재(線材)를 나선 모양으로 감은 것으로 이 코일에 교류 전류가 흐르면 코일에서 발생하는 자속(magnetic field)이 변화한다. 전동기나 변압기에 권선이 있는데 이 권선의 고유 저항이나 단락 여부를 측정하는 것이 중요하다.

항공분야 시험에서 전동기나 변압기의 권선의 저항을 측정을 요구하는 것은 권선을 이해하는지 그리고 단락 여부 및 고유 저항을 측정하는 것이 중요하기 때문이다.

③ 변압기에서 철심과 2개 이상의 권선을 가지고 교류 전력을 받아 전자 상호 유도 작용에 의해 전압 및 전류를 변성하여 동일 주파수 교류 전력을 공급을 하는 것을 의미한다. 1차 권선이란 입력 단이라고도 하며 전원 측의 회로에 접속되는 권선을 말한다. 그리고 2차 권선이라 함은 부하 측의 회로에 접속되는 권선을 말한다. 예를 들어 115VAC를 변압하여 26VAC를 사용하는 변압기라고 하면 115VAC 가 연결되는 부분의 코일 전선이 1차 권선이고 26VAC 부분이 출력단으로 2차 권선이라 한다.

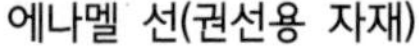

에나멜 선(권선용 자재)

권선(릴레이)

권선(전동기)

그림 3-27 권선의 원자재 및 계전기 및 전동기 권선

회로 이해 및 회로 구성

(Circuit Design)

1. 전기회로이해
2. 회로 구성
3. 납땜(Soldering)

1 전기회로이해

전기 회로(電氣回路, electric circuit)는 전기가 흐를 수 있도록 설치된 닫힌회로다. 회로에는 전원, 회로 보호장치인 회로 차단기나 퓨즈, 그리고 회로 제어 장치인 스위치, 계전기 등 그리고 저항기, 축전기, 코일 등 다양한 전기적 소자가 전기 전도체인 전선에 의해 연결된다. 건전지, 전선, 저항을 나란히 이어 만든 폐회로는 가장 간단한 전기회로의 예라고 할 수 있다. 전기회로는 회로에 공급되는 전기의 종류에 따라 크게 직류회로와 교류회로로 나뉘며 각각의 회로에서 저항, 축전기, 코일 등을 연결하여 다양한 전기회로를 만들 수 있다.

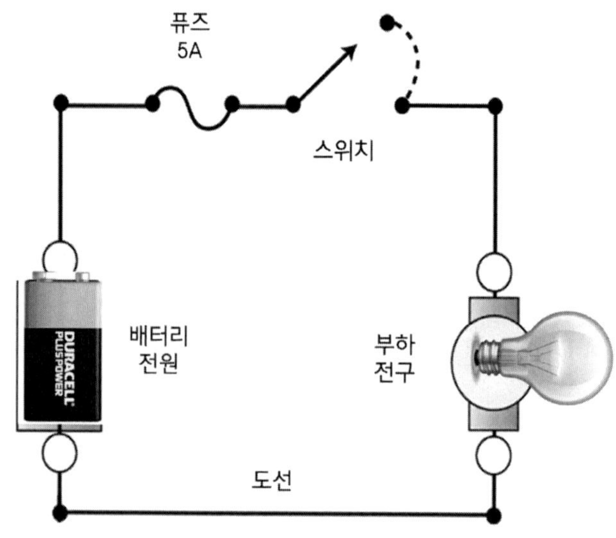

그림 4-1 간단한 전기 회로

1.1 회로의 기본 요소

그림 4-1과 같이 회로에서 반드시 있어야 되는 것으로 전원, 도선 및 부하인 전구이다. 전원에서 전기가 도선을 따라 흘러서 부하인 전구를 작동시키는 것이다. 그래서 **전원(power source)**, **도선(wire)** 및 **부하(load)**를 회로의 3요소라고 한다.

1.2 회로의 제어 장치

전원을 제어하여 부하를 제어하는 것으로서 그림 4-2와 같은 스위치를 들 수 있다. 즉 스위치를 제어함으로서 전원과 부하를 제어 할 수 있다. 이 때 스위치를 전기 회로에서 제어 장치라고 한다. 이외에도 제어 장치로는 계전기(relay) 그리고 저항도 일종의 제어 장치라고 할 수 있다.

토글 스위치(Toggle Switch)

계전기(8 Pin Relay)

그림 4-2 회로 제어 장치(스위치. 계전기)

1.3 회로의 보호 장치

상기 그림에서 만일에 도선이 단락 되었거나 부하의 결함으로 과전류가 흐르는 경우 또는 전원이 정격 전원 이상을 공급을 하게 되는 경우 회로를 보호하기 위해서 스스로 녹아서 끊어지는 퓨즈(fuse) 같은 것을 회로 보호 장치라고 한다. 이외에도 회로 차단기(CB. Circuit Breaker), 전류 제한기(current limiter), 열 스위치(thermal switch)등을 회로 보호 장치라고 할 수 있다.

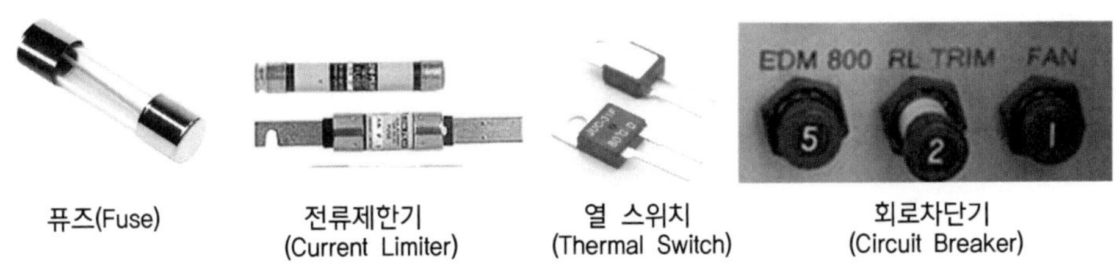

퓨즈(Fuse) 전류제한기 (Current Limiter) 열 스위치 (Thermal Switch) 회로차단기 (Circuit Breaker)

그림 4-3 회로 보호 장치(퓨즈. 전류 제한기, 열 스위치, 회로 차단기)

1.4 회로도

회로도(schematic diagram)는 전기 · 전자 회로에 대한 정보를 교환하는 기본적인 방식이다. 기본적인 정보를 정확히 알기 위해서는 회로도에서 사용되는 기호를 먼저 이해를 하여야 한다.

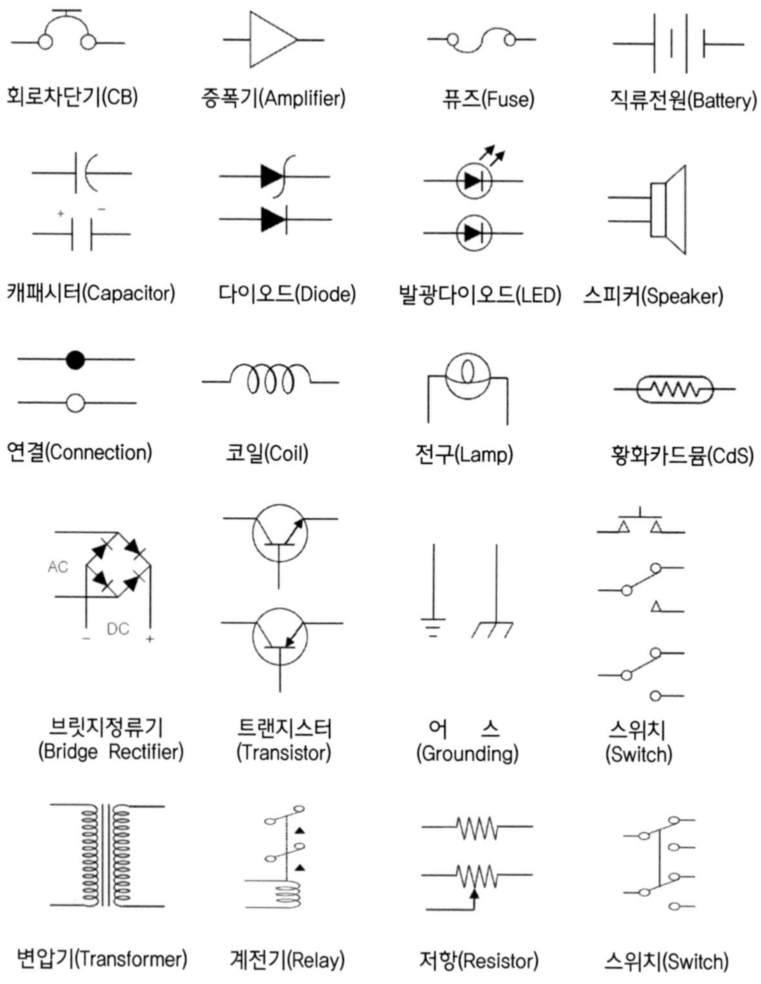

그림 4-4 회로도에 공통으로 사용되는 회로기호

회로도에 공통으로 사용되는 기호들을 미국국가표준기관(ANSI. American National Standards Institute)에서 표준화 시킨 것이다.

2 회로 구성

2.1 브레드 보드(Bread Board)

전기적인 회로를 납땜을 하지 않고 실험적으로 제작할 수 있는 보드로 내부에 가로 세로 배선이 되어 있는 것으로 회로를 꾸미기 위해 소자와 점퍼 선(jumper wire)을 이용하면 회로를 구성할 수 있는 편리한 보드이다.

브레드 보드(bread board)는 속칭 빵판이라 하며 전기회로를 임시로 시제품을 구성하는데 사용하는 무(無)땜납 장치로 재사용이 가능한 장점이 있다.

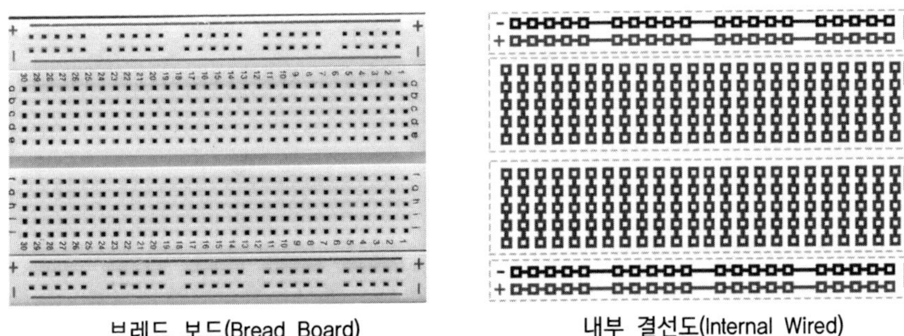

브레드 보드(Bread Board) 내부 결선도(Internal Wired)

그림 4-5 브레드 보드와 보드 내부 결선도

2.2 점퍼 선 키트(Jumper Wire Kit)

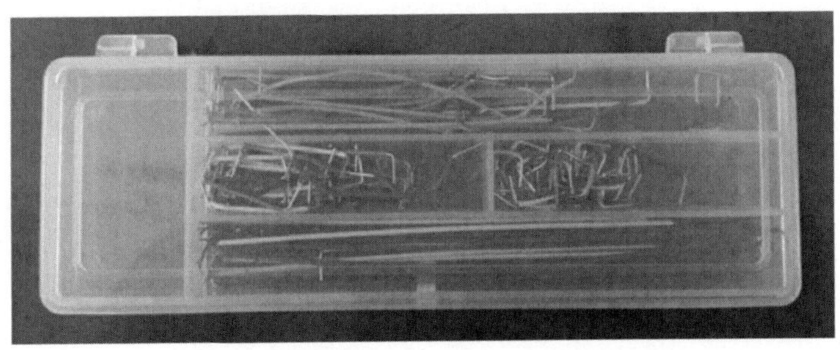

그림 4-6 점퍼 선 키트(Jumper Wire Kit)

브레드 보드에서 소자와 소자 또는 전원과 연결을 위한 점퍼선(jumper wire)이다. 이외에도 여러 가지 편리한 키트들이 있다. 이러한 키트 대신에 전선을 이용할 수도 있다.

2.3 만능기판(Universal Board. PCB)

격자 모양으로 구멍이 뚫린 간격이 2.54mm되는 직접 IC 회로용과 좀 더 간격이 넓은 일반 소장용이 있으나 항공산업기사 시험용으로는 IC 회로용이 많이 사용된다. 기판은 만능 PCB로 부품을 올리는 절연체의 면과 납땜하는 면이 분리된 기판이다. 절연 판의 납땜 면 구멍 테두리에는 동그란 구리 막판 받침인 패드(pad)가 부착되어 있다. 반대쪽에서 삽입된 부품의 핀이나 전선이 패드 위에서 땜납으로 고정된다. 이와 같이, 패드에 접속된 단자(terminal)사이를 피복을 벗긴 0.3[mm] 정도의 배선으로 연결함으로써 회로를 구성할 수 있다.

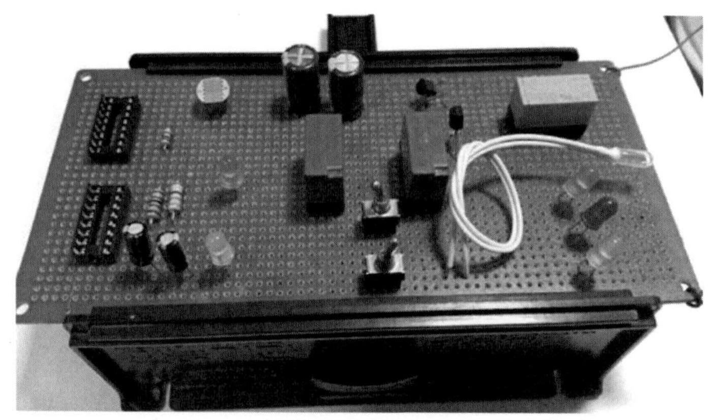

그림 4-7 만능기판의 절연 면에서 부품을 삽입함

만능기판 절연면의 반대편은 납땜 면으로 격자 모양의 구멍들이 전도체인 구리 막판 패드가 장착되어 있다. 이면에서 소자 또는 전선을 연결하기 위해 납땜을 하는 곳이다. 납땜 시 이 구리 막판 패드에 예열을 하게 되는데 과열을 하면 구리로 된 동판 패드가 절연체에서 떨어져 분리가 되니 주의를 하여야 한다. 또한 계전기(relay)나 IC회로를 장착할 때는 IC Socket이나 계전기 소켓(relay socket)을 사용하는 것이 좋다.

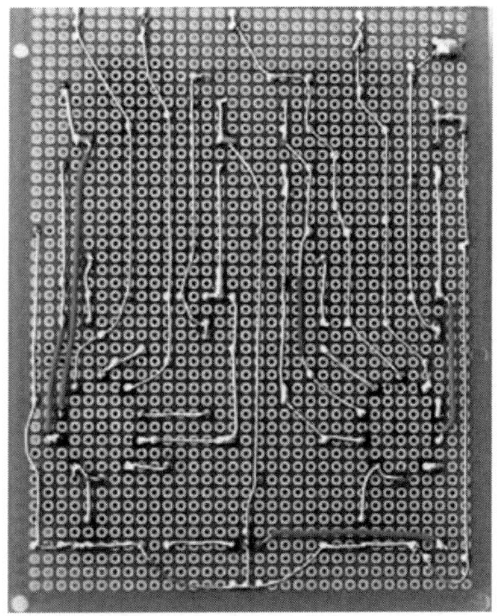

그림 4-8 만능기판의 납땜 면

2.4 패턴도

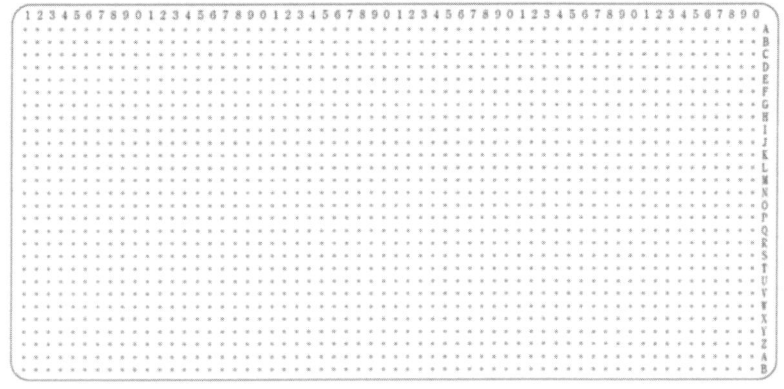

그림 4-9 패턴도 용지

회로도를 보고 바로 기판에 부품을 장착하고 납땜을 할 수 있으면 좋겠지만 그것은 쉽지가 않으며, 실수를 할 수 있기 때문에 미리 부품배치 및 배선 연결을 위한 패턴도를 작성한다. 완성이 되면 가상 작동(simulation)을 해보고 작동이 확인이 되면 그

패턴도를 보고 납땜을 하는 것이 중요하다. 패턴도를 작성하는 것은 만능기판에 회로 구성의 첫 단계로서 기본적으로 원 회로를 완전히 이해를 하고 작성하는 것이다. 패턴도는 수차례 반복 과정을 거쳐야 작성이 가능하며, 반드시 본인이 직접 작성하여야 문제발생 시 고장탐구가 가능해진다.

2.4.1 부품 배치

회로를 구성하고 있는 모든 부품을 기판 위의 평면에 배치 할 때에는 무엇보다 부품들이 정확하고 여유 있게 배치되도록 충분한 크기의 기판을 준비한다. 필요한 공간을 확보하고 한 종류별로 모아서 가지런히 배열하며 색깔이나 극성의 순서가 있는 것은 같은 방향으로 일치시켜서 수치를 읽거나 극성 파악하는데 편리하도록 배치한다. 만능기판에 부품을 배치하는 데는 다음 몇 가지 원칙이 있다.

① 전원이나 신호가 좌우 또는 상하로 흐르도록 작성된 회로도와 같이 부품들을 배치하되, 가능하면 배선들이 서로 교차하지 않도록 한다.
② 가능한 회로도의 부품과 패턴도 부품 그림이 가능한 같은 위치에 그린다. 그러나 사이즈가 특별히 큰 부품부터 또는 pin 수가 많은 것부터 먼저 적당한 곳에 자리잡고, 다음에 IC, 능동소자, 수동소자의 순으로 위치를 잡는다.
③ 가능한 같은 부품끼리는 같이 모으는 것이 좋으며 기판을 약 3등분하여 중앙에 주요 소자나 복잡한 것을 배치하고 어느 한곳에 치중하지 않게 균등하게 소자를 배치한다.
④ 비교적 발열량이 많은 소자인 저항기로부터는 약간의 거리를 두도록 한다.

2.4.2 배선 연결

기판의 패드 위에서 부품 사이의 연결은 될수록 짧은 직선과 직각에 의한 배선이 원칙이다. 그러나 논리 회로의 데이터 선과 같이 여러 가닥이 함께 나란한 배선 처리는 과감한 대각선 연결이나 리본 케이블(ribbon cable)을 사용하도록 한다. 즉, 배선 연결 시 전체의 배선 길이를 최대한 짧게 접속하여 납땜하는 곳의 수를 줄이고 배선 구도를 단순하게 한다. 이렇게 함으로써 오(誤)동작과 잡음(noise)을 줄일 수 있다. 다음은 몇 가지 일반적인 배선 처리 요령을 제시한다.

① 전원 선은 가능한 굵은 배선이 좋다. 가능한 전원 선은 위에, 접지선은 아래에 각각 배치하고 기판 마지막 부분 구멍에서 마무리를 한다. 특히 접지선은 한 곳에 집중될수록 회로 동작이 양호해진다.

② 교차선(jumper)은 피복을 입혀 기판의 부품 면으로 돌려서 처리한다.

③ 기판에서 외부로 연결하는 단자는 기판의 가장자리까지 끌어 놓으면 편리하다.

3 납땜(Soldering)

납땜(soldering)은 450°C 이하의 녹는점을 지닌 땜납을 사용하여 두개 또는 그 이상의 회로의 선을 또는 소자를 다른 금속에 결합하여 전기가 흐르도록 한다. 납땜은 용접과 다르게 결합 중에 기본금속이 녹지 않는다. 납땜은 결합할 부위를 가열하면 땜납이 녹아 결합부위에 흡수되고 결합된다. 납이 냉각되면 기본금속만큼 단단하지 않지만, 충격을 견디는 내성과 전기 전도도가 오랫동안 유지된다. 납땜은 성경에 언급되고, 5000년 전에 메소포타미아에서 사용된 기록이 남아있을 정도로 오래된 기술이다.

3.1 용도, 땜납 및 융제

납땜은 전기전자 부문에서는 일반적으로 전자부품(저항, TR, 다이오드 등)을 인쇄회로기판(PCB)에 조립하여 하나의 회로를 만들 때 사용된다. 기본적으로 땜납의 구성은 일반적으로 60% 주석과 40% 납의 합금이고 내부에 송진 같은 융제가 함유되어 있다. 납땜에서, 융제사용은 연결부위의 산화를 방지하는 것이다.

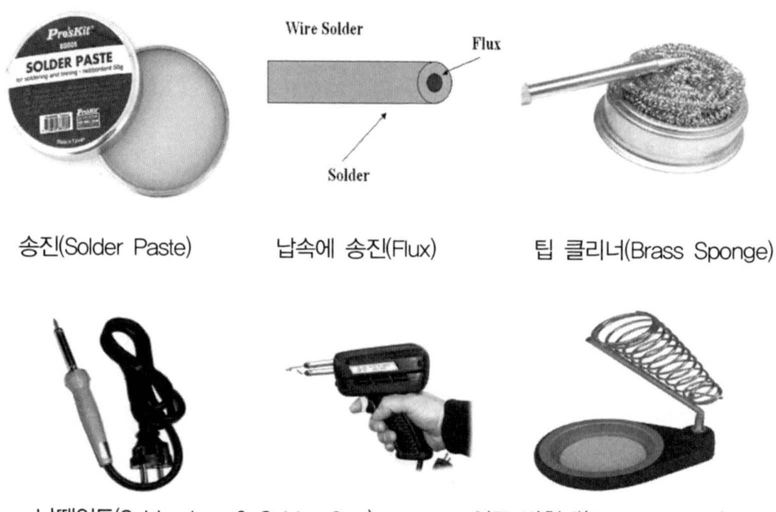

송진(Solder Paste) 납속에 송진(Flux) 팁 클리너(Brass Sponge)

납땜인두(Solder Iron & Solder Gun) 인두 받침대(Solder Holder)

그림 4-10 납땜 인두, 인두받침대, 송진 및 팁 클리너(Tip Cleaner)

3.2 기본납땜 용구

3.2.1 납땜인두(Electrical Operated Soldering Tool)

땜납과 접합부를 가열하기 위해서 사용하는 가열기로 작업 목적에 따라 다소 다르지만 전자 기기 조립 및 수리에는 보통 30 - 40와트(watt) 정도가 사용된다. 종류로는 soldering iron 또는 soldering gun 등이 사용되고 있다.

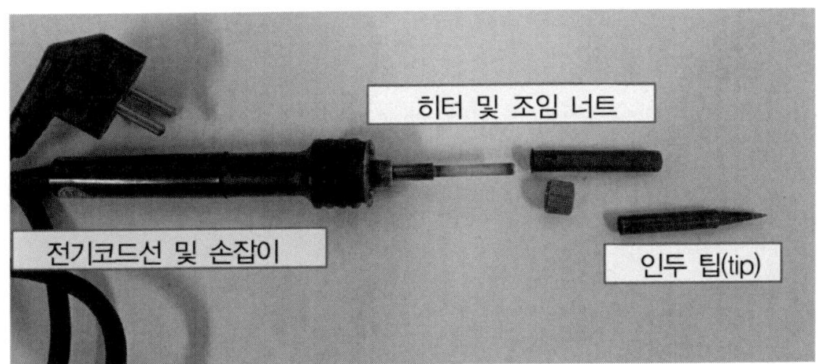

그림 4-11 납땜 인두의 구조

3.2.2 보조장비

인두받침대(holder), 납제거기(solder wick) 또는 납흡입기, 기판받침대, 납땜송진(solder paste) 등이 있다. 그리고 일반 공구들도 있다.

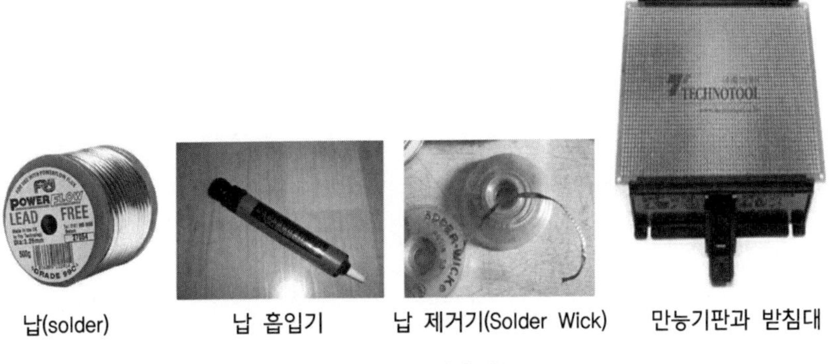

그림 4-12 납땜 용구

3.3 납땜준비 및 방법 (Preparation for Soldering and How to Solder)

3.3.1 납땜 준비

① 인두를 플러그인 하고 열이 가해질 때까지 기다려라(place the soldering iron in its stand and plug it in and wait for the soldering iron to heat up).

② 인두 팁을 팁 클린너(물 묻은 스폰지나 황동 스폰지)에서 세척하고 인두 팁에 납을 녹여 붙여라. 그리고 팁에 납이 잘 녹아 있는지 즉 은색으로 잘 코팅이 되었는지 체크하라.

3.3.2 납땜 예열

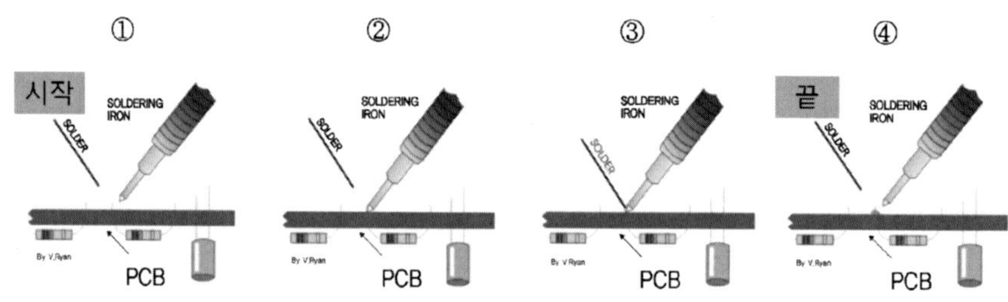

그림 4-13 인두, 납, 동판 예열 순서

① 인두 팁을 가열하여 팁 부분에 납을 녹여서 세척(cleaning)을 한다.

② 납땜 할 모재(PCB 동판 쪽) 접합부위에 대고 예열한다.

③ 인두를 대고 있는 상태에서 땜납을 인두와 접합부위에 대고 녹인다.

④ 땜납이 적당량 녹아 퍼지면 납을 먼저 분리하고 땜납이 접합부위 및 동판에 완전히 녹아들면 인두를 분리한다.

3.4 납땜 절차, 주의 사항 및 납땜 제거

3.4.1 납땜 절차(Soldering Procedure)

① 인두 tip 부분 및 납땜부품의 다리나 핀이 깨끗한지 또는 산화되지 않았는지 확인한다. 금속표면에 윤기가 없다면 반짝일 때까지 깨끗이 닦고 충분히 납을 녹여야 열이 잘 발생하여 납땜이 잘 이루어진다.

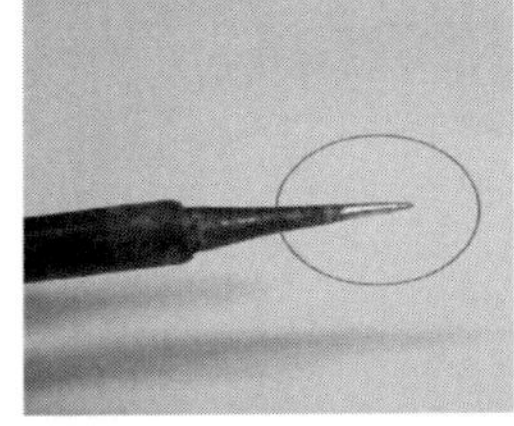

그림 4-14 팁 청소(Tip Cleaning) 및 인두 납 용융

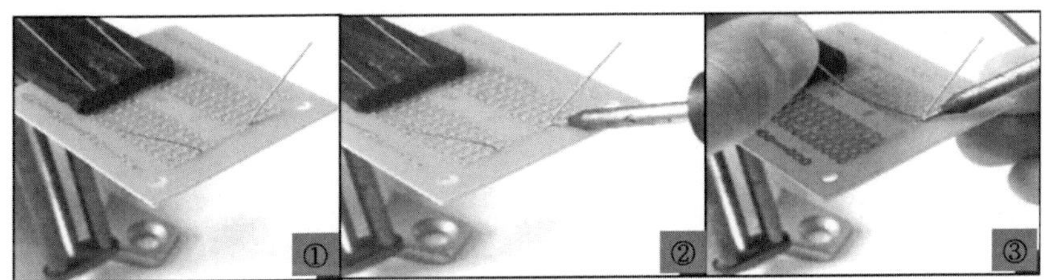

그림 4-15 납땜 절차

② 납땜에 앞서 부품다리와 회로기판 연결부분에 인두팁을 1초 정도 대고 있으면서 납땜 할 부분을 가열한다. 이렇게 하면 납땜 주변부가 뜨거워져서 납을 접촉시키면 자연스럽게 녹아서 붙게 된다. 납이 녹은 상태에서 2초 내로 접합완료 3초 이상 열을 받으면 땜납 속의 송진이 증발, 찌꺼기 남고 보호막이 없어져 납이 쉽게 산화한다.

③ 인두팁을 댄 상태에서 연결부에 납을 대고, 납이 부품과 회로에 균일하게 덮이면 손을 뗀다. 부품다리와 PCB의 회로에 땜납 접촉 확인한다. 납은 인두팁에 바로 대지 말고 부품다리나 회로쪽에 대야 한다. 뜨거운 인두팁에 납을 직접대면 일명 냉납(cold-solder joint) 현상이 일어난다. 냉납이 되면 시간이 지나면서 연결부분이 느슨해지고 부식이 발생한다.

TIP. 납땜을 할 때는 인두팁을 젖은 스폰지에 문질러서 인두팁에 붙어있는 납과 타버린 플럭스(flux)를 닦아주면서 작업한다. 이렇게 하면 인두팁을 깨끗하게 적정한 온도로 유지할 수 있다. 납땜도구를 잘 관리 해주면 오랫동안 쓸 수 있다.

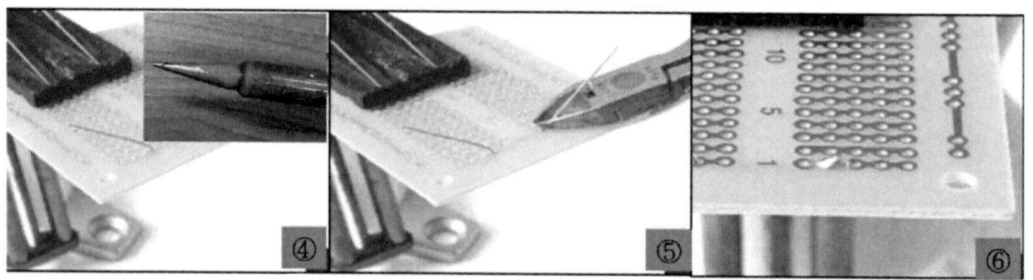

그림 4-16 납땜 절차 B

④ 땜납이 잘 퍼져서 붙었으면 손을 떼고, 납이 식어서 굳기를 1~2초 정도 기다린다. 납이 굳을 동안 부품을 건드리면 안 된다. 납땜 연결부분이 매끄러워야 한다. 표면이 매끄럽지 않다면 연결부를 다시 가열한 후에 납을 조금 더 붙인다.

⑤ 납땜이 끝났으면 부품 다리를 자른다. 보드 아래로 튀어나온 부품 다리 때문에 회로가 단락될 수 있기 때문에 납땜부분 밖으로 나온 다리여분을 바짝 자른다.

⑥ 납땜을 완료한 모습이다.

3.4.2 납땜 주의 사항(Soldering Notes)

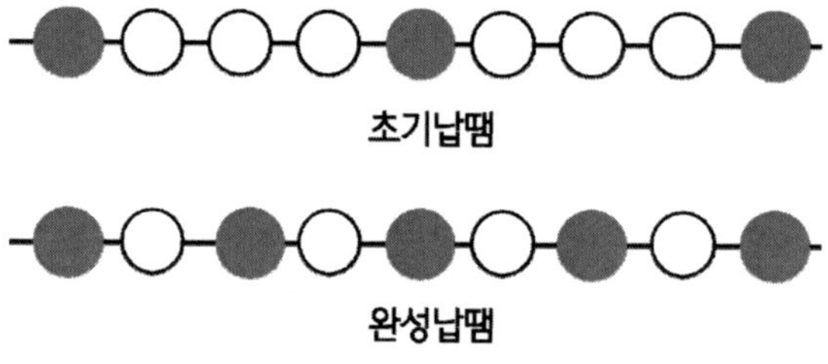

그림 4-17 PCB 일렬 납땜 방법

① 처음에는 시간단축을 위해 4구멍마다 납땜하고 나중에 중간에 납땜한다.

② 동판이 과열되어 기판에서 떨어지지 않도록 한다.

③ 열에 약한 TR, CDS, IC등은 롱노스(long nose)나 핀셋으로 부품의 리이드(lead) 다리를 잡아 열이 분산되어 부품에 전달되지 않도록 한다. 아니면 1cm 이상 띄운다.

④ 납이 다른 동판면으로 전달되지 않도록 한다.

⑤ 배선줄은 동박(銅箔)면 중앙에 배치 되도록 납땜한다.

⑥ 배선줄은 만능기판에 밀착시키고 굴곡이 없도록 한다.

⑦ 환기를 하고, 인화물 등 화재 주의하고 인두는 반드시 인주 받침대에 위치시킨다. 그리고 30cm정도 간격을 두어서 납 연기 흡입을 피한다.

⑧ 나쁜 팁은 지나치게 가열한 것이다.

⑨ 소자는 정확히 인쇄회로 기탄에 장착한다. 납땜하는 동안 부품의 파손을 방지하기 위해서 기판표면에서 부품을 1-2m 상승시킨다.

⑩ 식히는 동안 이음새를 움직이면 안 된다. 움직이면 이음새가 파손 될 것이다.

⑪ 인두팁은 잔여 융제의 제거가 중요하다. 그렇지 않으면 새로운 납땜이 부식 될 수 있다.

3.4.3 납땜 수정

① 납이 부족한 경우는 한 번 더 인두로 열을 가하면서 한 번 더 납땜을 한다.

② 실패한 납땜을 뽑아내고 한 번 더 납땜을 한다. 납땜을 뽑아내는 도구는 납 흡입선 및 납 흡입기 등을 사용한다.

③ 땜납을 너무 많이 사용했거나 주위의 다른 회로나 납땜과 닿기 쉽다.

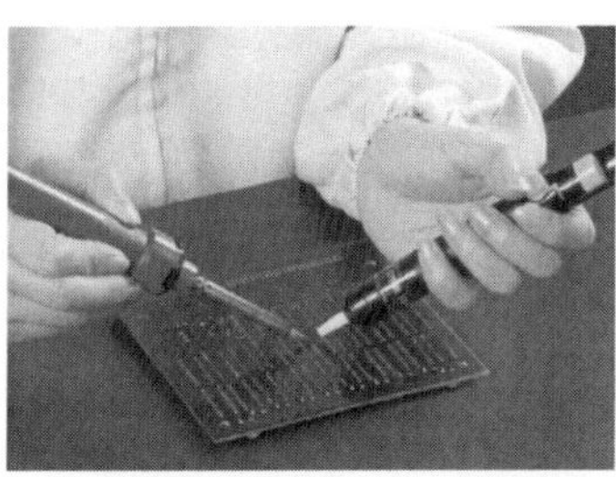

납 흡입기 사용(Solder Absorber)

납 제거선(Solder Wick)

그림 4-18 납땜 수정

전기 전자 기초 실습

1. 옴의 법칙(Ohm's Law)
2. 전원 및 접지 이해
3. 정격
4. 핀 맵(Pin Map)
5. 회로(Circuit) 이해
6. 회로(Circuit) 구성 방법
7. 실용 회로
8. LED와 저항을 이용한 전기 특성 확인
9. 트랜지스터(TR) 스위칭 기능
10. 제너 다이오드 전압 조절 기능
11. CdS(황화 카드뮴) 셀 저항 변화
12. 전선의 길이에 따른 저항의 변화 실습
13. 열전쌍(Thermocouple) 열기전력 작용
14. 와이어 레이싱(Wire Lacing)과 타잉(Tieing)
15. 배선 터미널(Wire Termination)

1 옴의 법칙(Ohm's Law)

1.1 실습 목적

전기의 3 요소를 이해하고 이들이 3 요소 사이의 상관관계를 옴의 법칙을 통해서 이해한다.

① 전압 - 전기적 위치 에너지로 전류를 흐르게 하는 힘으로 전원을 의미한다. 기호는 E, 측정 단위는 V(volt)를 사용한다.

② 전류 - 자유전자의 이동으로 전기적 에너지로 열, 운동 에너지 등으로 변환 될 수 있고 전압이 높을수록 전류는 많이 흐른다. 기호는 I, 측정단위는 A(ampere)를 사용한다.

③ 저항 - 회로상에서 전류를 흐름을 방해하는 요소로서 기호는 R, 단위는 오옴(Ω)을 사용한다. 도체는 저항이 적은 것을 말하고 부도체는 저항이 많은 것이다.

1.2 옴의 법칙(Ohm's Law)

$$I = \frac{E}{R}$$

회로상에서 전류(I)는 전압에 비례하고 저항에 반비례한다. 즉 다음 회로상에서 I=24VDC/12Ω에서 2 A의 전류가 흐른 상태에서 전류가 전압에 비례하는 사실을 실험하기 위해서 36VDC로 증가하면 전류 I=36/12로 3A가 흐르게 된다. 또한 전류는 저항에 반비례하는 사실을 확인하기 위해서 저항을 24Ω으로 연결하면 전류 I는 24/24=1A로 감소하게 된다.

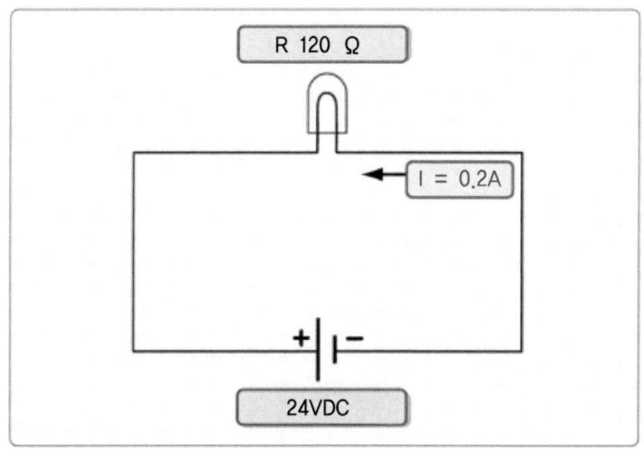

그림 5-1 옴의 법칙 - 전류 측정 회로

1.3 실습 준비

저항(120Ω, 240Ω 램프) 2개, 전원 공급 장치(배터리 12VDC, 24VDC 또는 직류전원장치), 멀티메터, 브레드보드 및 점퍼선

1.4 실습 절차

① 브레드보드에 상기 그림을 보고 회로를 완성한다. 필요에 따라 램프를 변경하거나 전원을 변경한다.

② 전류를 측정한다. 0.2A가 측정되는지 확인한다.

③ 전류가 전압에 비례여부를 확인하기 위해 전압을 12VDC로 낮추면 전압은 0.1A로 감소할 것이다.

④ 전류가 저항에 반비례여부를 확인하기 위해 240Ω짜리 램프로 교체하면 약간 불이 어두워지면서 전류 또한 0.1A가 측정이 될 것이다.

⑤ 전압과 저항을 변경하면서 전류의 량의 변화를 통해 즉 회로상에 흐르는 전류는 전압에 비례하고 저항에 반비례한다는 옴의 법칙을 확인할 것이다.

2 전원 및 접지 이해

2.1 전원

회로에서 전압를 만들어 최대의 정전 용량 즉 최대 전류를 공급하는 것으로 그림 5-2 회로에서는 VCC 그리고 또 다른 전원으로 VIN으로 표식이 되어 있다. 일반적으로 직류가 전원으로 연결되어 있을 때 +쪽을 의미한다. 한 회로에서 1개 이상의 전압이 다른 전원을 연결될 수 있다.

2.2 접지

전원의 크기(전압)를 결정하며 GND로 표식 되거나 COM, Earth등으로 표식 된다. 밧테리(battery)인 경우 - 극이 접지이며 하나의 회로에서 전원은 하나 이상일수 있지만 GND는 하나로 같은 접지를 사용한다.

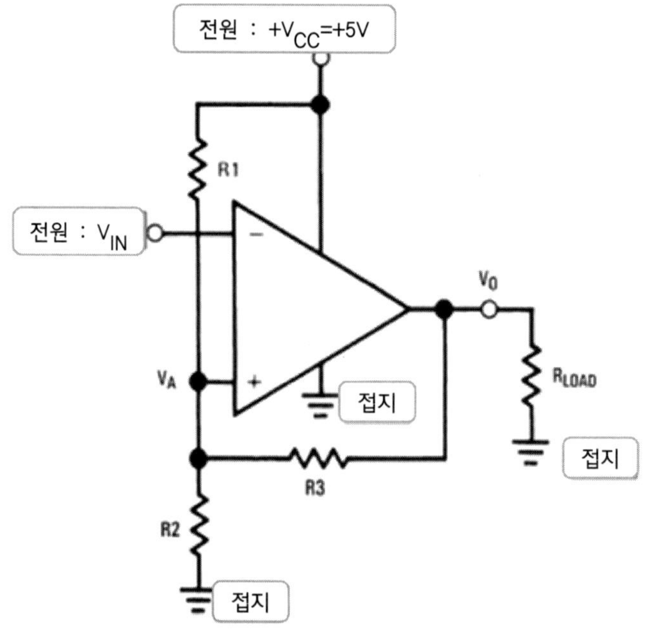

그림 5-2 전원과 접지

2.3 전원의 직렬연결 및 병렬연결

배터리는 설계 및 제작할 때 이미 전압과 용량이 정해져 있다. 이들의 전원을 연결하는 방법에 따라 전압이나 용량을 변화시킬 수 있다. 그림 5-3처럼 1.5VDC 배터리가 2 개가 있다. 이들의 전원인 배터리를 직렬 및 병렬로 연결하는 실습을 통해서 전압 및 용량의 변화를 확인해보자.

① 배터리를 그림 5-3과 같이 직렬로 연결을 하라. 그림의 좌측 연결은 전원을 직렬로 연결한 것이고, 우측 그림의 연결 방식은 병렬연결이다.

② 멀티메터를 이용해서 직렬로 연결된 배터리의 전압은 3.0VDC가 측정되어야 한다. 전원을 직렬로 연결하면 승압을 시킬 수 있다.

③ 배터리를 우측 그림과 같이 병렬로 연결하라.

④ 멀티메터를 이용해서 병렬로 연결된 배터리의 전원은 1.5VDC로 측정이 되나 전류는 증가할 것이다.

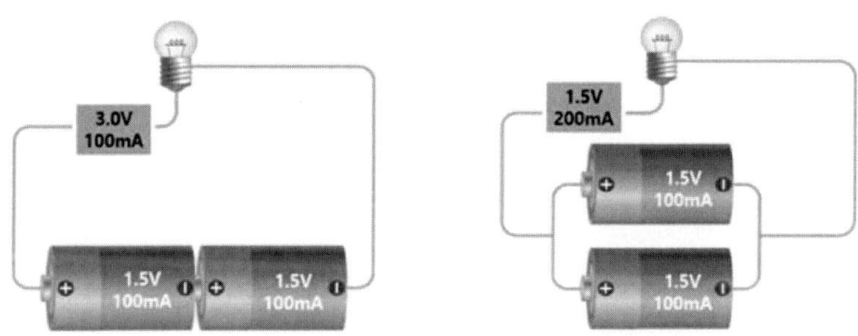

그림 5-3 승압을 위한 직렬 연결 및 용량 증가를 위한 병렬연결

3 정격

3.1 정의

항공기에 사용되는 전자부품들은 정상적으로 작동하기 위해서 나름대로의 정격을 가지고 있다. 정격 전압 및 정격 전류란 적합한 전압과 적합한 전류를 의미하며 계속적으로 안정적으로 작동을 한다는 것이다.

3.2 정격 출력

모든 전자부품들의 정격의 표기는 와트(watt)로 표기한다. 예를 들어 200W인 소자인 경우 100V를 인가했을 때 전류 2A가 소모된다는 의미인데 이 정격 전압 이상으로 공급하면 전류가 2A 이상 흐르게 되어 결국 전자부품은 수명을 단축하거나 파괴된다.

3.3 실습 준비

전구(정격. 24와트, 12VDC), 전원(직류 전원), 브레드 보드

3.4 실습 절차

① 전구와 전원을 그림 5-4 회로와 같이 연결한다.
② 12VDC에서는 전구가 정상적으로 ON 되는지 확인한다.
③ 전원을 12VDC에서 상승시키면 전구가 OFF 될 것이다. 이는 정격 24Watt 이상이 되면서 과전류가 흐르게 되어 전구는 파괴가 된다.

이는 모든 전자 소자는 정격을 가지고 있으며 이 소자들은 정격 전원이내에서 정상적으로 작동을 하게 되어 전자 부품들을 사용할 때에는 정격을 잘 파악하고 회로 설계 시에는 정격내에서 작동을 하도록 해야 한다.

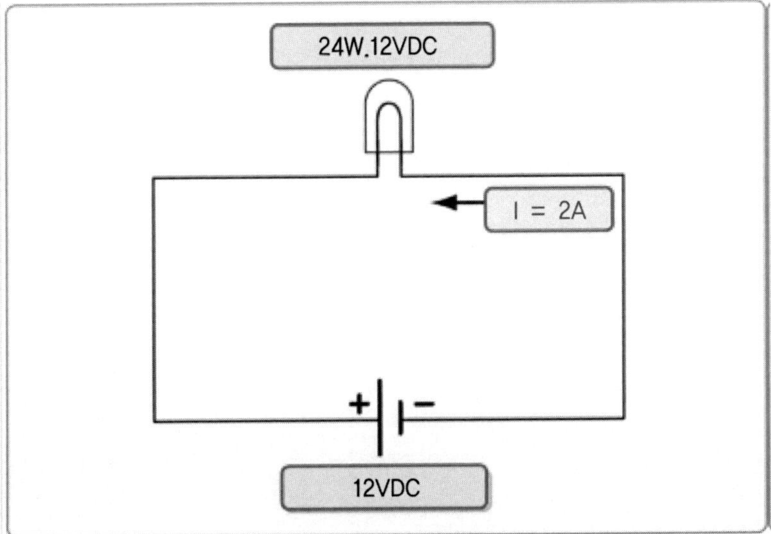

그림 5-4 정격 회로

4 핀 맵(Pin Map)

어떤 특정한 사용목적을 위해 200만개 이상의 전자 소자 즉 저항, 다이오드, 트랜지스터 등으로 만들어진 직접 회로(IC)에는 종류에 따라 여러 핀(pin)들이 연결되어 있다. 핀(pin)은 다른 회로와 연결하는 곳으로 각 핀마다 각자의 용도가 정해져 있다. 각각의 핀(pin)별로 용도를 정리해 놓은 것을 핀 맵(pin map)이라 한다.

4.1 실습 목적

여러 직접 회로(IC)들의 핀맵을 확인하는 실습을 통해서 IC의 특징을 이해하고 핀맵을 이해한다.

4.2 실습 준비

발광 다이오드, 트랜지스터, IC 칩

4.3 실습 절차

① 발광 다이오드인 경우 아주 간단한 핀맵으로 리드선 2개 중 긴쪽에 + 전원이 연결되는 것이고 짧은 리드선에는 - 전원을 연결하여야 하는 것으로 실제 LED의 리드선를 보고 + 핀과 - 핀을 확인하여 정격 전원을 연결하여 LED가 정상 작동을 하는지 확인한다.

② 트랜지스터 경우 - 멀티메터의 트랜지스터 리이드선 확인하는 기능을 이용하거나 데이터를 이용해서 트랜지스터(TR) 3개의 리드선들의 E, C, B인 것을 확인한다.

③ 그림 5-5와 같이 여러 IC들을 표본으로 핀맵들을 확인하여 각각의 핀의 용도를 실습한다.

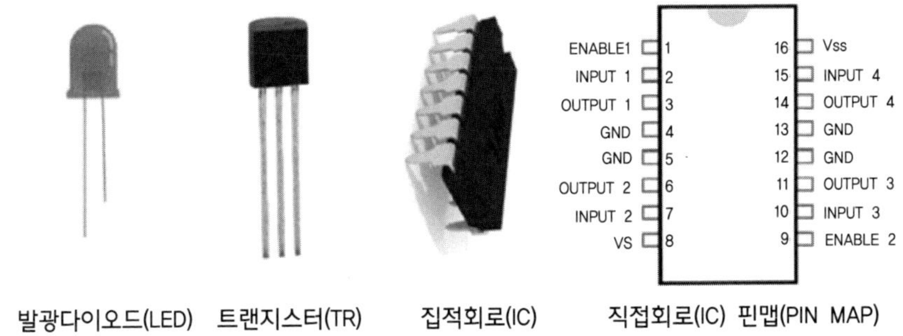

그림 5-5 직접회로(IC)와 핀맵(Pin Map)

5 회로(Circuit) 이해

설계자가 목표한 기능을 수행하기 위해 회로를 구성하는데 전원, 부하 및 전선을 회로의 기본 3요소라 하고 이는 기본적으로 전원에 부하를 전선으로 연결을 하게 되면 회로가 완성이 되는 것이다. 이 회로에는 전원(VCC) 및 접지(ground) 그리고 전원을 소모하는 부하(load)가 있다.

회로를 Circuit 또는 Loop라고 하는데 이는 중간에 끊어짐 없이 전원에서 전류가 출발하여 접지까지 연결이 되어야 한다는 것이다. 그리고 추가로 전원을 제어하는 계통(스위치 등), 작동 경과나 결과를 모니터 및 확인하기 위한 계기 계통 그리고 합선이나 과전류로부터 회로를 보호하는 계통(퓨즈 또는 회로 차단기 등)들이 추가로 연결이 된다.

회로에 연결된 부하(load)나 각 전자 소자들은 정격에 맞게 전압과 전류가 인가되어야 회로의 목적대로 작동을 한다.

그림 5-6의 전기회로에서 보면 회로의 설계 목표는 램프의 밝기를 DIM/BRIGHT로 조절하기 위해 꾸며진 회로이다. 전원은 28VDC이고 램프 등이 부하이며, 중간에 연결된 소자(트랜지스터, 다이오드, 제너다이오드, 릴레이, 저항 등)는 DIM/BRIGHT 조정을 위해 각각의 목적을 가지고 연결이 되어 있는 제어 계통이다. 또한 퓨즈 등으로 과전류로부터 회로를 보호하고 있다.

5.1 실습 목적

회로의 3 요소, 회로의 제어계통 및 회로 보호 계통을 이해한다.

5.2 실습 준비

그림 5-6 전기 회로도

5.3 실습 절차

다음을 확인하여 회로를 이해한다.

① 전원 : BATT BUS의 28VDC, ESS or BATT BUSDML 28VDC 2개

② 부하 : Lamp 1 and 2(2개)

③ 제어 : SW1(DIM/BRT 선택 스위치), 릴레이 2개, 트랜지스터 2개, 다이오드 2개, 저항 2개

④ 보호 : 퓨즈 2개

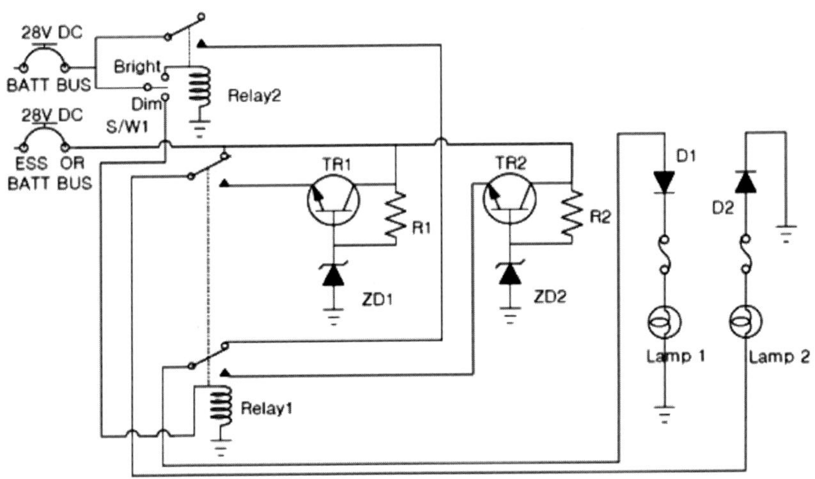

그림 5-6 전기회로(Lamp dim/Bright Control 회로)

6 회로(Circuit) 구성 방법

6.1 납땜

납땜은 회로를 만드는 방법 중 가장 기초적이고 간단한 방법으로서 기판 동 핀(copper pin)에 납을 녹여서 회로의 3 요소인 전원, 부하, 소자 그리고 전선 등을 연결하여 고정시키는 방식이다. 그러나 간단한 회로는 제작이 가능하지만, 많은 소형 소자들로 구성되는 복잡한 회로 구성에는 물리적, 기술적 한계가 있다.

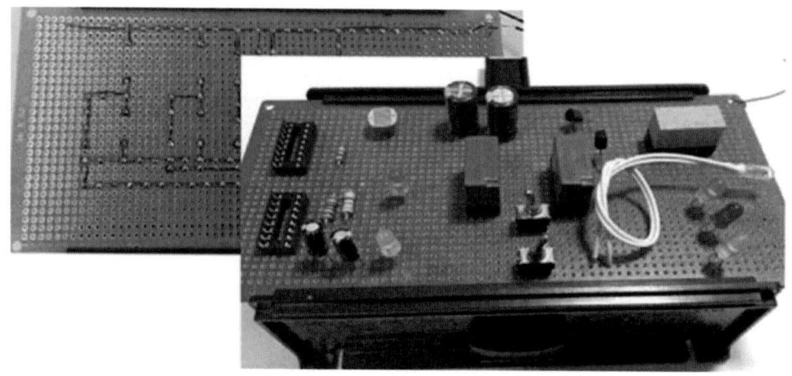

그림 5-7 납땜 동판 및 소자 배열

6.2 PCB(Printed Circuit Board)

좀 더 복잡하고 많은 소자들이 정밀하게 연결되는 회로를 구성하기 위해서는 자동기계나 컴퓨터의 프로그램을 통해서 만능기판에 회로를 인쇄 및 납땜 연결하는 방식으로 회로도를 완성하는 전용 프로그램을 사용할 줄 알아야 한다.

이러한 차원에서 PCB는 복잡한 회로를 종류별 대량으로 제작할 때 사용하는 방법으로 상용에서 많이 사용한다.

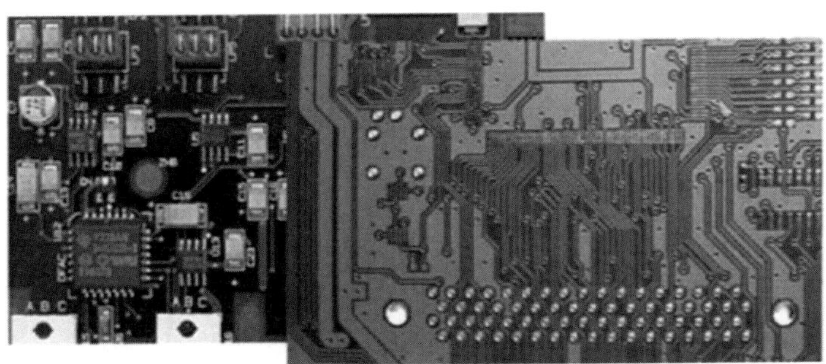

그림 5-8 인쇄회로기판(PCB) 이해

6.3 브레드보드(Breadboard)

브레드보드는 간단한 회로를 납땜 없이 회로를 꾸밀 수 있는 도구로서 그림 5-9의 우측 그림과 같이 내부에 전선이 미리 연결 되어 있어서 실제 전자 소자와 연결용 와이어로 사용하여 회로를 꾸미는 방식이다. PCB나 납땜(soldering)에 비해서 경제적으로 실용적이고 간단하게 회로를 꾸며서 연습이나 실습 등을 수행하거나, 정식으로 제작하기 전에 작동 여부를 시험하거나 조정할 필요가 있을 때 사용한다.

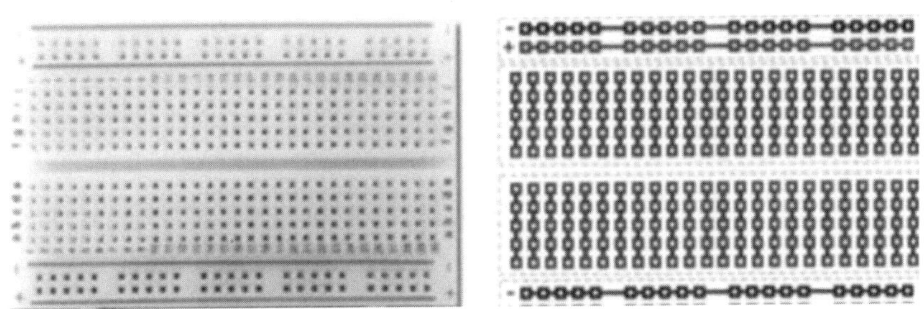

그림 5-9 브레드보드 및 내부 와이어 연결도

7 실용 회로

7.1 멜로디 IC 회로 구성

① 실습 목적 : 브레드보드 상에서 멜로디 IC 핀맵을 참고하여 회로를 구성하면서 브레디보드 사용법을 익히고 또한 멜로디 IC의 핀맵을 이해하고 회로 제작을 실습한다.

② 준비물 : UM66 멜로디 IC(음악이 저장되어 있는 직접회로), 스피커, 3 Volt 배터리 또는 직류 전원, 브레디보드 및 점퍼세트

③ UM66 계열 IC를 준비하라. UM66T05L IC는 “즐거운 나의 집” 노래를 저장하고 있는 멜로디 직접회로 전자 소자이다.

④ UM66 IC의 핀맵을 참고하여 회로를 연결하라.

⑤ UM66 IC의 정상 작동 여부를 확인한다. 아마도 스피커에 나오는 멜로디 소리가 너무 적다는 것을 확인한다. 다음 항에서 소리를 증폭시켜 보도록 한다.

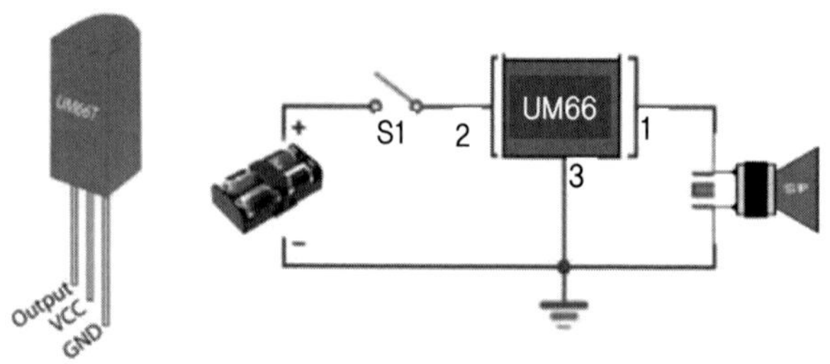

그림 5-10 멜로디 IC 및 멜러디 IC 작동 회로

7.2 트랜지스터(TR) 증폭기(Amplifier) 기능

① 실습목적 : 트랜지스터의 주요 기능은 스위칭 기능 및 증폭기능이 있다. 2가지 기능 중 증폭 기능을 멜로디 IC의 출력을 증폭시켜 확인한다.

② 상기 7.1에서 만든 멜로디 회로의 스피커에서는 멜로디 소리가 너무나 적다는 것을 확인한다.

③ 트랜지스터 증폭 기능을 확인하는 실습을 위해 트랜지스터 C1815 증폭용 IC를 하나 더 준비하여 회로와 같이 연결하면 증폭용 트랜지스터를 통해서 소리가 증폭이 되어 멜로디가 크게 들릴 것이다. 이는 트랜지스터의 증폭 기능을 확인하는 것이다.

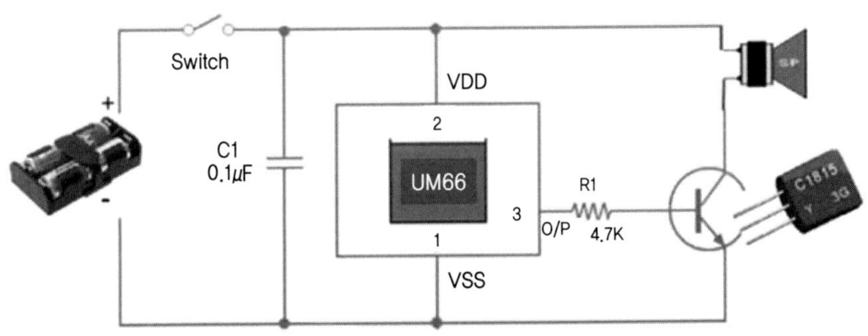

그림 5-11 멜로디 IC 및 멜로디 증폭(TR 증폭기능) 회로

8 LED와 저항을 이용한 전기 특성 확인

8.1 실습목적

LED 극성과 저항을 통해서 전류의 방향과 특성을 확인 한다.

8.2 실습준비

건전지, LED 2개, 저항 100Ω, 브레드보드 및 점퍼선 세트

8.3 실습절차

① LED는 저압으로 작동하며 극성이 있다. 즉 전류는 다이오드에서 한 방향으로만 전류를 전송하기에 전원에 LED 극성을 맞추어서 연결해야 LED가 ON된다.

② LED에는 2개의 리드선이 나오는데 긴 선이 + 극성을 가지고 짧은 선은 - 극성을 갖는다. 이때 배터리의 + 전원을 LED 긴 리드선에 연결을 하고 짧은 선에는 - 전원을 연결해야 정상적으로 작동하여 발광다이오드(LED)가 켜진다.

③ LED와 전원 사이에 저항을 연결하게 되면 LED의 불빛이 흐려 질것이다 이는 전류가 저항을 지나면서 감소하기 때문이다. 회로상에서 저항은 전류의 량을 조절하는데 사용한다.

④ 아래 그림에서 2개의 LED의 광도를 비교해보면 전원과 직접 연결된 LED는 full bright 되고 저항과 연결된 LED는 감소된 전류량으로 작동되게 되어 DIM으로 지시할 것이다.

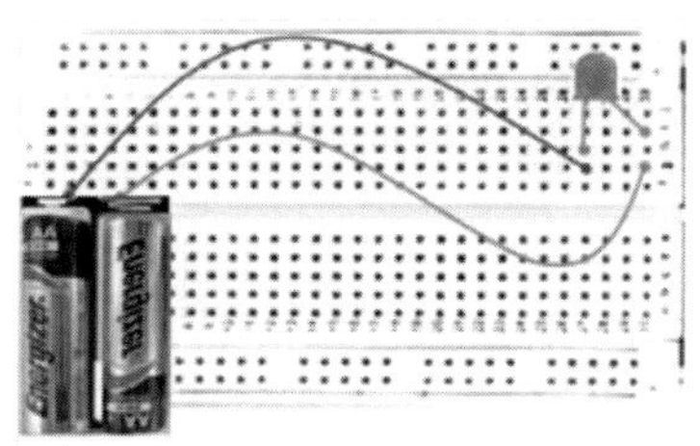

Full bright LED

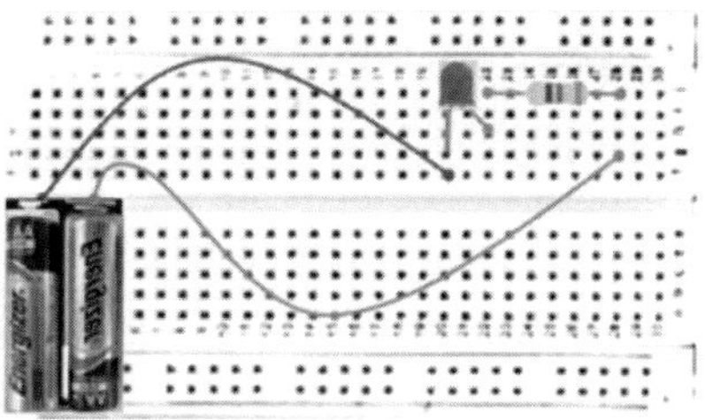

Dim bright LED with Resistor

그림 5-12 저항에 의한 전류 조절

9 트랜지스터(TR) 스위칭 기능

9.1 실습목적

트랜지스터는 기본적으로 2 개의 기능 즉 증폭기능과 스위치 기능이 있다. 베이스(B) 단자의 전원을 제어함으로써 전원이 트랜지스터 콜렉터(C)에서 에미터(E)를 통과하여 램프가 켜지는 것을 실습함으로서 트랜지스터의 스위칭 기능을 이해한다.

9.2 실습준비

TR C1913, LED, 전원 3 VDC, 멀티메터

9.3 실습절차

① 아래 회로도를 참조하여 브레드보드에서 전원, 트랜지스터(TR), LED를 연결하라. 간단한 회로로 작동되는 것이다.

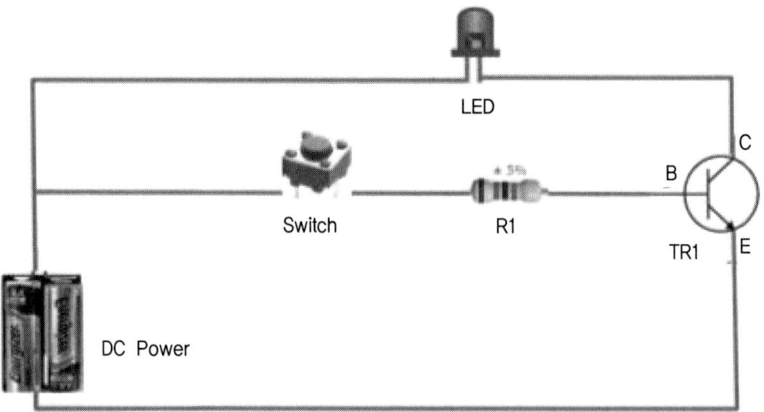

그림 5-13 트랜지스터 스위치 기능

② 트랜지스터 3개의 리드선 위치를 정확히 알 수 없을 때는 멀티메터의 트랜지스터(TR) 확인 기능을 이용해서 트랜지스터 3개의 단자 E.B.C 리드선을 찾아서 회로에 맞게 연결하라. 베이스 리드선의 전원을 제어하는 스위치를 연결한다.

③ 스위치를 ON 하면 LED가 ON 되는 것을 확인한다. 이는 트랜지스터 C에서 E로 전류의 흐름을 B 단자를 통해서 제어된다. 이것이 스위치 기능이다.

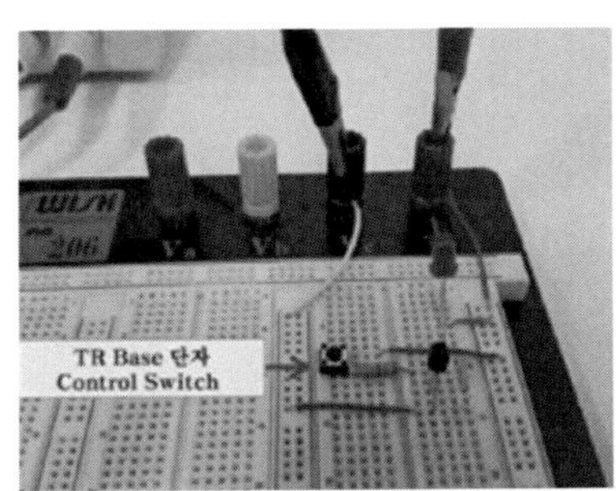

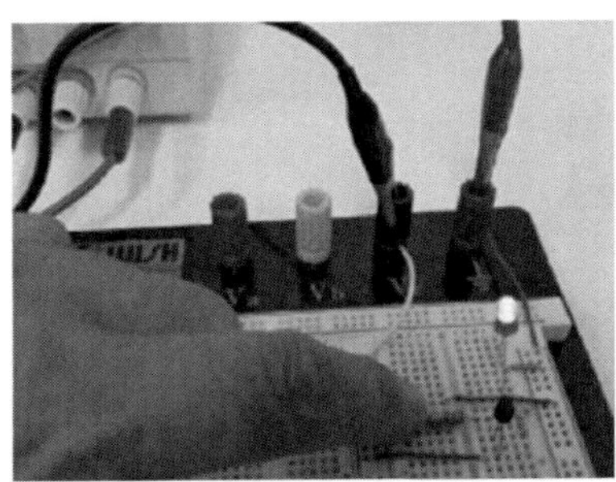

그림 5-14 트랜지스터 스위치 기능 시험

10 제너 다이오드 전압 조절 기능

10.1 실습목적

제너다이오드를 통해서 전압 조절기능을 확인 한다.

10.2 실습준비

제너다이오드(IN4735), 직류전원, 멀티메터, 브레드보드. LED

10.3 실습절차

① 회로도를 보고 제너다이오를 순방향으로 연결하고 LED가 ON 되었을 때 소모 전원이 1.5VDC - 3.0VDC가 되는지 확인한다. 확인하는 방법은 전원 공급 장치에서 지시되는 전압을 확인하거나 멀티메터의 전압 측정 기능을 이용해서 측정해서 확인 하는 방법이 있다.

② 제너다이오드를 역방향으로 연결하고 다시 전원을 연결하라. 순방향에서 1.5VDC - 3.0VDC에서 작동하던 LED가 작동이 되지 않을 것이다. 이는 역방향으로 전류가 통과하지를 못하고 있는 것이다.

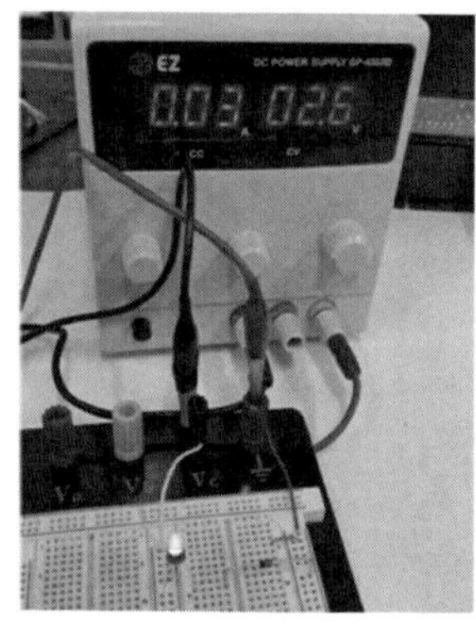

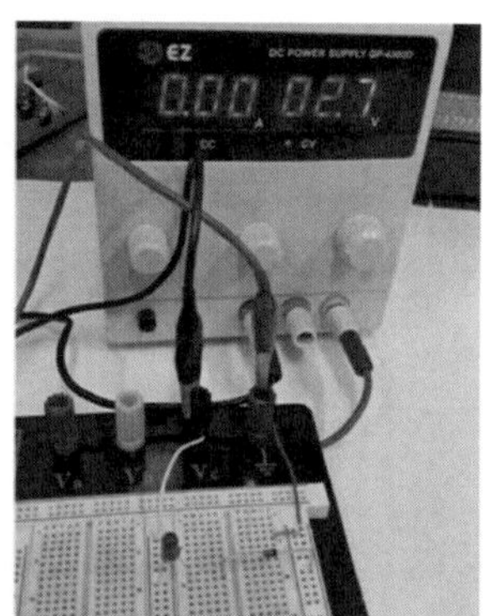

그림 5-15 제너다이오드 순방향과 역방향 동일 전압 공급 결과

③ 전원장치에서 전압을 천천히 증가 시켜라. 8.0VDC 근방에서 항복전압(zenor voltage or breakdown voltage)에서 전원이 통과 되어 LED가 ON 되는 것을 확인 할 수 있다.

④ 이 상태에서 전원을 계속 증가 시켜라. 그래도 8VDC 이상을 공급해도 더 이상 증가가 되지 않는다. 제너다이오드(8VDC 항복전압)는 입력 전압에 관계없이 8 VDC만을 공급하는 것을 확인함으로서 이 소자는 전압 조절용으로 사용이 됨을 확인한다. 본 제너다이오드는 8VDC 전압 조절용으로 사용된다.

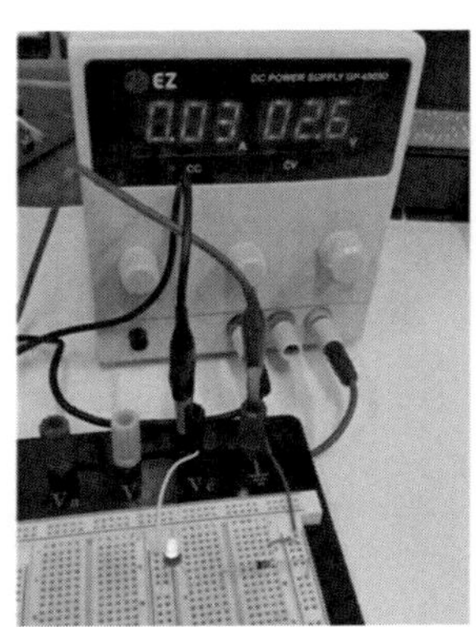

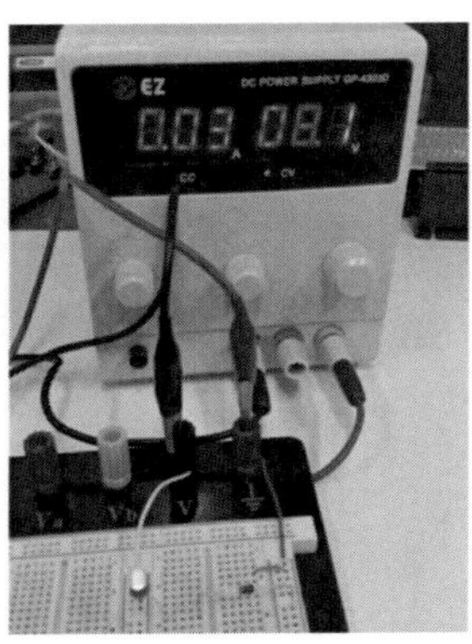

제너다이오드 순방향(2.6VDC) 전압과 역방향 전압(8VDC) 연결결과

그림 5-16 제너다이오드 역방향 전압(제너전압)

11 CdS(황화 카드뮴) 셀 저항 변화

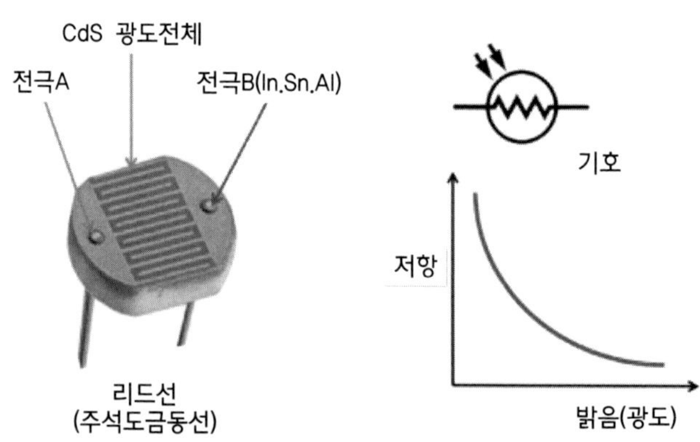

그림 5-17 황화카드뮴 셀 특징

CdS는 빛의 광도에 따라서 저항이 변하는 특성이 있다. 빛을 받으면 즉 광도가 커지면 저항이 적어지는 것이고 빛을 감소시키거나 CdS cell을 아예 손으로 빛을 가리면 저항이 커지는 것이다.

11.1 실습 목적

CDS의 빛에 의한 저항 변화를 실습한다. 빛의 조도를 변경하여 저항의 변화를 통해서 전류가 제어되어 회로가 작동함을 실습한다.

11.2 실습준비

CDS 소자, 브레드 보드, LED, 전원

11.3 실습절차

① 회로도에 맞게 회로를 구성한다.

② 빛(광원)을 작동하면서 LAMP의 작동 여부를 확인한다.

③ 빛을 받으면 LED가 ON 되고 손으로 가려서 빛을 차단하면 저항이 커져서 결국은 LED가 OFF 된다.

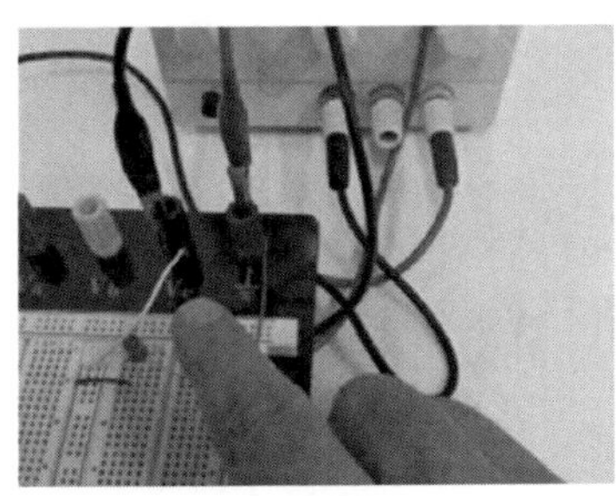
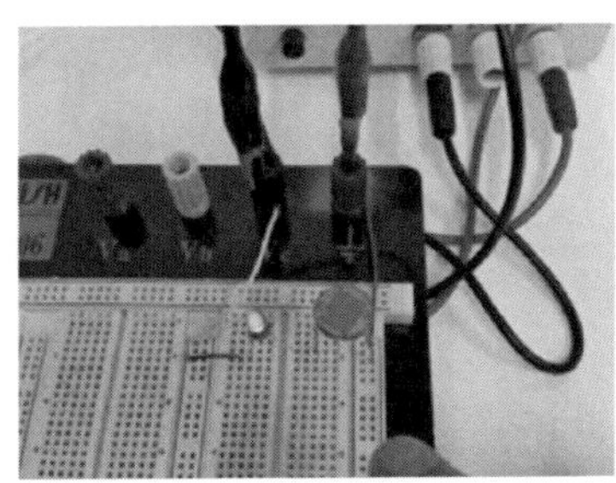

그림 5-18 CdS(황화카드뮴) 빛에 따른 저항 변화

12 전선의 길이에 따른 저항의 변화 실습

12.1 실습 목적

도체인 전선은 전선의 굵기와 길이에 따라 변화하는 저항을 확인한다.

전선의 두께가 같은 조건이라면 전선의 길이가 길어지면 저항은 증가하고 흐르는 전류의 량은 감소한다. 또한 전선의 길이가 같은 조건이라면 전선의 굵기가 작아지면 저항이 증가하고 굵기가 증가하면 저항은 작아진다.

① 준비물 - 전선 굵기가 다른 2가닥, 길이가 다른 2가닥, 멀티메터

② 같은 굵기의 전선 2개 중에서 길이를 다르게 하여 측정하여 저항값을 비교한다.

③ 같은 길이의 전선이나 굵기가 다른 두선의 저항을 비교하여 확인한다.

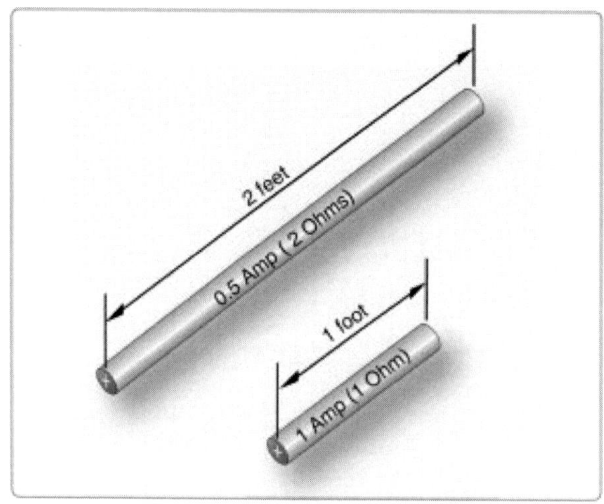

그림 5-19 와이어 길이에 따른 저항 변화

13 열전쌍(Thermocouple) 열기전력 작용

13.1 열전쌍 온도 센서

대형 항공기 엔진 배기가스 온도를 측정하는 열전쌍 열전대(thermocouple)는 아루멜(AL)과 크로멜(CR)로 구성이 되어 있다. 2개의 이질 금속 즉 구리-콘스탄탄, 철과 콘스탄탄, 아루멜과 크로멜 등으로 이루어진 것을 열전쌍(thermocouple)이라 한다. 그림 5-20에서 보듯이 2개의 금속의 한쪽 끝을 서로 묶고 측정하고자 하는 열원에 위치시키고 다른 두선 끝 쪽은 전류계를 장착하게 회로를 구성한다.

13.2 작동원리

그림 5-20과 같이 두선을 서로 접합한 부위에 열원을 대면 이곳이 온점(hot junction)이 되고 전류를 측정하고자 하는 계기 쪽을 냉점(cold junction)이라 한다. 온점과 냉점의 온도 차이를 두면 즉 온점에 열을 가하면 전류가 생성이 된다. 즉 열에 의해서 열기전력이 생성되는 것이다. 이를 제어벡 효과(seebeck effect)라 하고 온도 상승에 따라 섭씨 1,200도 정도까지는 선형(linear)으로 100℃마다 약 4mA 정도씩 전류 생성이 이루어져서 고온 배기가스를 배출하는 고성능 전투기나 민항기 대형 엔진의 배기가스 온도를 측정하는 센서로 오랫동안 사용되어 오고 있다.

13.3 실습목적

아루멜과 크로멜 2개의 선을 그림과 같이 연결하고 열을 가했을 때 열기전력의 발생 여부를 확인함으로서 열기전력의 발생, 제어벡 효과 등을 이해한다.

13.4 실습준비

① 준비물 - AL-CR선 또는 열전쌍 센서, 암메터, 전선
② 두 전선을 암메터에 연결하고 Hot Junction과 Cold Junction을 만든다.
③ Hot Junction을 Heating하고 암메터를 확인하여 전류가 생산되는지 확인한다.

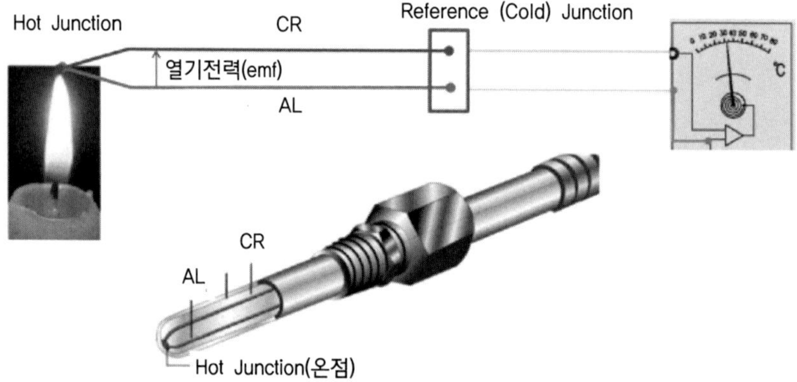

그림 5-20 열전쌍온도계 제어벡 효과(Seebeck Effect)

14 와이어 레이싱(Wire Lacing)과 타잉(Tieing)

항공기 배선다발의 용이한 정비, 검사 및 장착을 위하여 타이(ties), 레이싱(lacing), 스트랩(straps)을 한다. 습기가 많은 곳(swamp)이나 진동이 심한 곳이나 자외선에 노출이 심한 곳은 피하고 대부분 배선 다발에서 사용된다.

배선다발(wire bundle)의 직경이 1인치 이하인 경우는 단선 실 묶음으로 그림 5-21과 같이 한다.

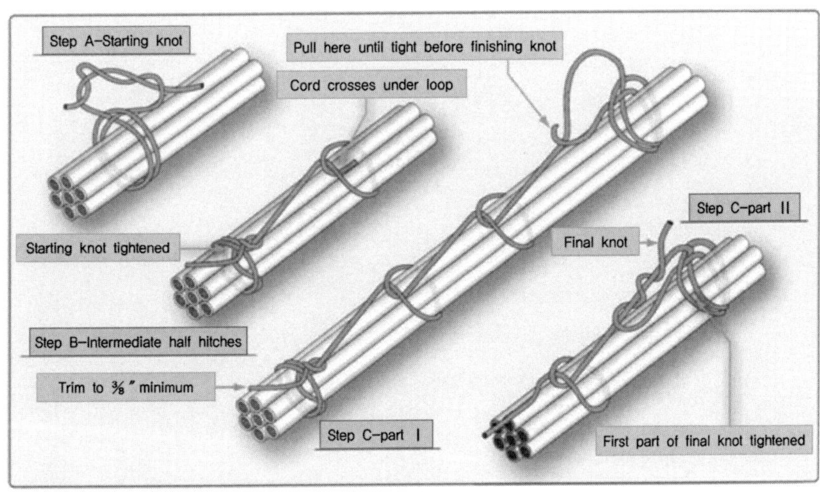

그림 5-21 단선 코드 묶음 방법(Single Cord Lacing Methods)

14.1 단선실 묶음절차

① 처음에 매듭(knot)을 그림 5-21과 같이 만든 방법은 반복된 오버핸드매듭으로 고정한 클로브 히치 방법이다.

② 중간에 하프히치(half hitches)로 마무리 매듭은 그림 5-21 C를 참조하여 고정한다.

14.2 더블코드 방법

배선 다발의 직경이 1인치 이상 되는 배선다발 묶음은 2중 코드 방법으로 다음과 같이 수행한다.

① 이중 코드 레이스 방법을 사용할 때는 시작매듭으로 bowline-on-a-bight를 사용하라.

② 그림 5-22를 보고 lacing 작업을 수행하라.

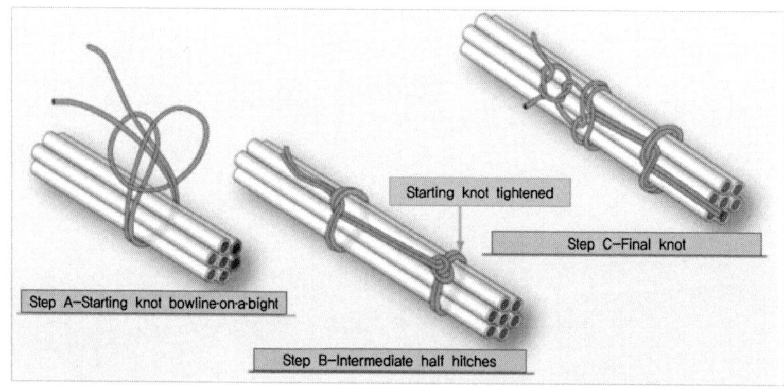

그림 5-22 더블 코드 묶음 방법 (Double Cord Lacing Methods)

14.3 타이(와이어 번드 매기. Tying)

① 와이어 번들이 12인치 이상 지지를 받고 있지 못할 때 와이어 번들 타이를 사용하여 와이어 번들 매기를 한다(tying).

② 그림 5-23과 같이 타이는 클로브 히치와 square 매듭으로 한다.

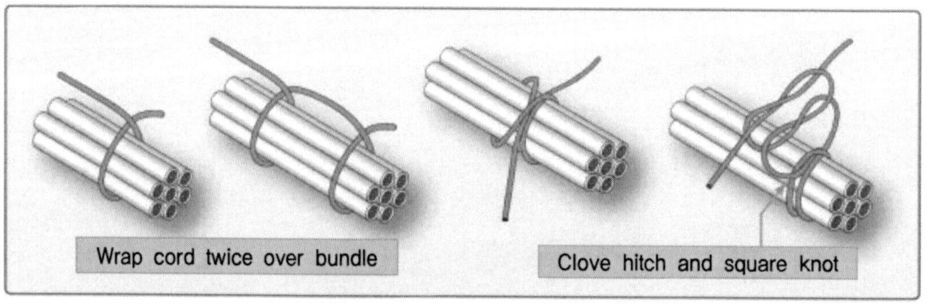

그림 5-23 와이어 타이

15 배선 터미널(Wire Termination)

15.1 실습목적

항공기에서 와이어에서 단선 또는 여러 터미널 러그 또는 와이어 스트립(strips)에서 단선이 되기도 한다. 결함이 발생한 배선을 복귀하는 방법은 결함 부위나 작업 방법에 따라 여러 가지가 사용되는데 이들의 마무리 작업을 와이어 터미널 작업이라 한다.

15.2 와이어 터미널 작업의 종류

와이어 스트립(와이어 껍질 벗기기), 터미널 스트립에 장착, 터미널 러그 작업, 와이어 중간 단선 부분을 연결하는 와이어 스프라이싱(wire splcing) 작업 등이 있다.

15.2.1 와이어 스트립(와이어 껍질 벗기기)

① 와이어를 컨넥터, 터미널, 스프라이스에 연결하기 전에 제일 먼저 수행하는 작업이 와이어 껍질(insulation)을 벗기는 작업이다.

② 와이어 껍질부분을 안에 전도체(conductor)가 노출이 되도록 끝부분부터 껍질을 벗기는데 동선(copper wire)는 사이즈와 절연체두께에 따라 다를 수 있다.

③ 알루미늄 와이어는 극심히 주의를 기울려 정확하게 내부의 전도체가 상하지 않도록 한다.

④ 와이어 스트립퍼 공구에 관계없이 와이어를 절단할 때는 수직으로 수행한다.

⑤ 알루미늄 와이어 껍질 벗기기 작업을 할 때에는 내부의 여러 개의 스트랜드로 구성된 와이어가 찍히거나 끊어지거나 손상이 되어서는 안 된다.

⑥ 절연체를 트림을 해서 적당한 길이로 그리고 완전히 제거한다.

⑦ 벗기기 작업이 끝난 후에는 필요하면 스트랜드(와이어 가는 가닥)를 다시 트위스트(retwist)하고 연결부위의 길이와 맞춘다. 필요하면 작업 부위에 맞춰 절단한다.

⑧ 와이어 사이즈 즉 번호를 알고 와이어 스트립퍼 커팅 구멍(cutting slot) 번호에

맞추어서 와이어를 집어넣어서 길이를 맞춘다.

⑨ 와이어 스트립퍼의 2개의 핸들을 close하라. 그리고 핸들을 풀고 와이어를 끄집어내라. 이미 정확하게 껍질이 벗기어져 있음과 스트랜드 부분별 손상이 없는지 확인한다.

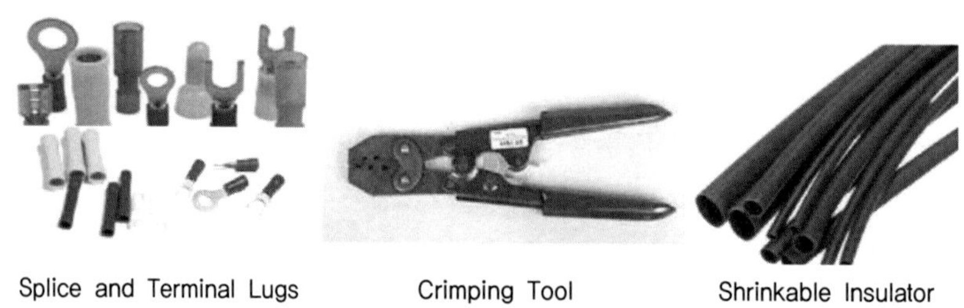

그림 5-24 와이어 연결 자재 및 공구

15.2.2 터미널 스트립에 와이어 연결 작업

① 최종 와이어 스트립에 연결 작업을 용이하게 껍질을 벗긴 그 부위에 터미널을 크림핑 작업(crimping - 절연체가 벗겨진 와이어 전도체와 터미널 러그(terminal lug)를 연결하는 작업)하라.

② 와이어 터미널 러그를 선택할 때 다음과 같이 고려를 한다.

③ 와이어 터미널 인장력은 최소한 와이어와 같아야 한다.

④ 다음은 와이어 터미널 선택할 때 주의할 사항은 다음과 같다.

➢ 전류 정격(current rating), 와이어 사이즈와 절연체 직경, 전도체 재질과 호환여부, 와이어 스트립에 있는 스터드 사이즈(stud size), 납땜연결 여부 등을 고려하여야 한다.

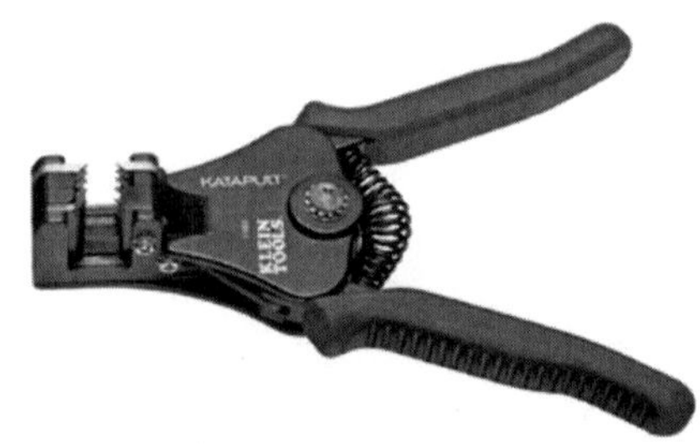

그림 5-25 와이어 스트립퍼(Wire Stripper)

15.2.3 터미널 러그(Terminal Lugs)

① 터미널 러그는 와이어에 터미널 러그를 부착하여 항공기 와이어 터미널 블록 스터드에 연결하는 것이다.

② 한 스터드에 3개 이상 장착해서는 안 된다. 터미널 러그 선택은 스터드의 직경에 맞게 장착을 하여야 한다.

③ 알루미늄 터미널 러그는 알루미늄 와이어와만 연결을 하여야 한다.

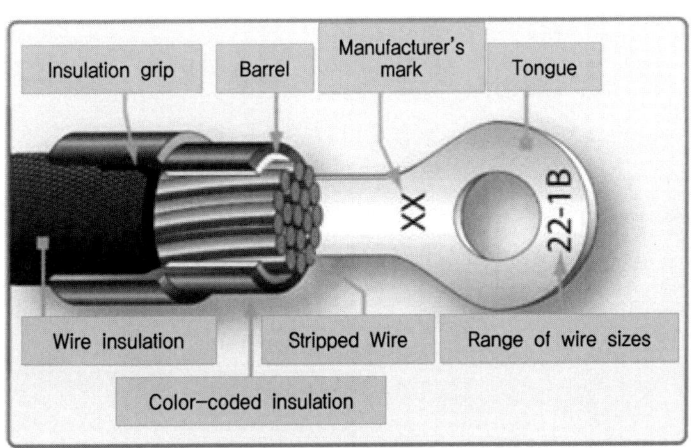

그림 5-26 와이어 터미널(Wire Terminal)

15.2.4 스프라이스 실습(Pre-Insulated Splices)

① 터미널이나 스프라이스 연결 작업은 와이어 사이즈에 맞게 미리 설계되어 있는 고품질의 크림핑 공구(high-quality crimping tool)을 사용하여야 한다.

② 와이어 사이즈에 맞게 스프라이스를 정확하게 크림프 해주는 것이 끊어지거나 부식 방지를 한다.

③ 스프라이스 실습은 다음과 같이 수행한다.

➢ 스프라이스 실습 자재 준비 : 와이어 2 가닥, 스프라이스, 히터 건(heater gun), 쉬링커블 인슐레이터(shrinkable insulator) 4 인치, 와이어 스트립퍼(wire stripper), 와이어 커팅 플라이어(wire cutting plier)

- 2 개의 와이어 양 끝단을 와이어 스트립퍼를 이용해서 껍질을 벗긴다.

- 스프라이스 중앙에 한쪽 와이어가 닿을 정도로 밀어 넣어서 크림핑 공구를 이용해서 크림핑 작업을 수행한다.
- 나머지 와이어를 스프라이스 반대편에 넣고 크림핑 작업을 수행한다.
- 연결된 2 개의 와이어를 적당한 힘을 주어서 잡아 당겨본다.
- 슈링크어블 인슐레이터(shrinkable insulator)를 스프라이스가 중앙에 오도록 집어넣고 히터건을 이용해서 슬리브를 오그라들게 한다.

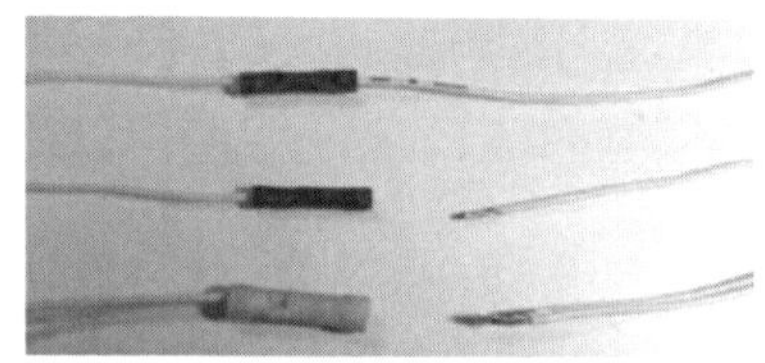
Pre-insulated Splice 연결

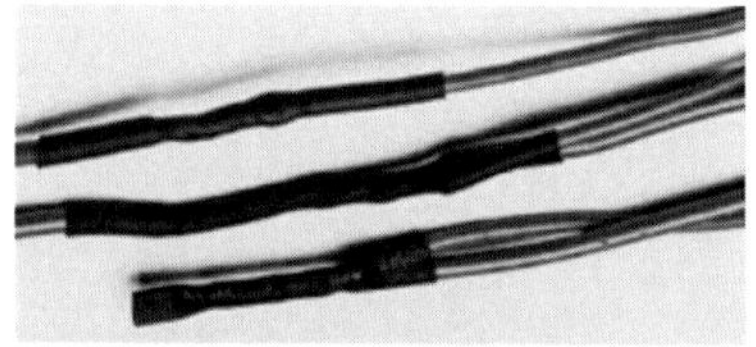
Shrinkable insulator 작업

그림 5-27 와이어 연결(Splicing) 작업

항공산업기사 회로실습 (Circuit Design)

1. 항공기 조명 계통
2. APU Air Inlet Door Control Circuit
3. 객실압력고도 경고계통 (Cabin Depressurization Warning System)
4. DIM/BRT Light Control(By Zener Diode)
5. 발연감지경고계통(Smoke Detector Warning System)
6. DIM/BRT Control by Resistor
7. 경고 계통(Warning System)

1 항공기 조명 계통

1.1 회로도

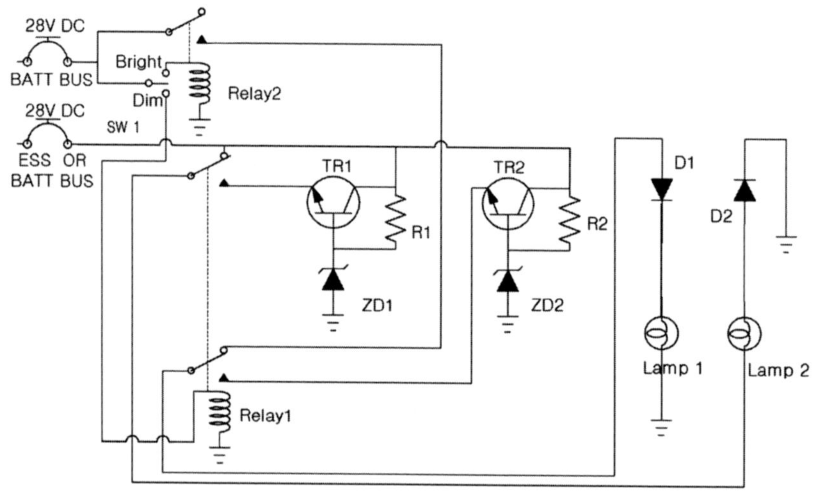

그림 6-1 항공기 조명계통 회로도

1.2 회로 개요

그림 6-1 회로는 항공기 계통이 정상일 때는 BATT BUS에서 28VDC가 공급되어 SW1의 선택에 따라서 Lamp 1 & 2가 Dim 또는 Bright로 작동을 한다.

항공기의 주요 계통은 언제나 비상계통이 마련이 되어 있다. 만약 항공기 전원계통에 문제가 생겨서 BATT BUS 전원이 공급이 안 될 때 ESS 또는 BATT BUS(비상예비계통)의 비상 전원이 연결되어 Lamp 2가 Bright로 ON이 된다. 즉 정상 계통이 잘못되어도 비상 전원이 연결되어 일부 주요 계통에 비상 전원이 연결되어 작동을 계속하는 것이다. 이를 Standby System(비상계통) 또는 예비 계통이라고 한다.

1.3 회로 작동 시험(Circuit Operational Test)

① SW 1 : Bright 위치에 놓으면 Lamp 1과 Lamp 2가 Bright ON 된다.

SW1을 BRT 위치에 놓으면 Relay 2가 작동하여 Relay 접전이 close 되어 전원 BATT BUS의 28VDC가 Relay 2 접전을 지나 Relay NC(Normal Close) 점과 다이오드D1의 순 반향을 지나 Lamp 1이 Bright로 ON 된다. 그리고 Lamp 2는 ESS 전원 28VDC가 연결되어 Lamp 2가 Bright로 ON 된다.

② SW 1 : Dim 위치에 놓으면 Lamp 2와 Lamp 2가 Dim으로 ON 된다.

SW1을 Dim 위치에 놓으면 Relay 1이 작동하여 접점이 붙으면서 ESS 전원이TR1을 통과하면서 전원이 감압되면서 Lamp 2가 Dim으로 ON 되고 계속해서 ESS 전원 28VDC가 TR2를 통과하면서 전원 또한 감압되면서 Lamp1이 Dim으로 ON 된다.

③ SW 1 : OFF 위치에 놓으면 Lamp 2가 Bright ON 된다.

SW1을 OFF 위치에 놓으면(항공기 BATT BUS에 NO power이고 비상전원 ESS BUS만 배터리에서 공급한 상태), ESS 전원만 Relay 1의 상부의 NC 점을 지나 Lamp 2와 연결되어 Bright ON 된다. 이 의미는 전원이 공급이 안 되는 비상시에도 최소한 필요한 부위에 전원이 공급이 되도록 설계가 되어 있는 것이다.

1.4 필요 자재(Required Materials)

순번	품명(Nomenclature)	규격(Specifications)	수량(Required Quantity)	비고(Note)
01	기판(PCB)	20 x 40	1	
02	실땜납	60GXM3	100 Cm	
03	3 색 단선	0.6 mm	100 Cm	
04	Relay(계전기)	24VDC - 8 pin	2 개	PCB 장착용

순번	품명(Nomenclature)	규격(Specifications)	수량(Required Quantity)	비고(Note)
05	Relay Socket	8 pin 장착용	2 개	
06	Toggle Switch	3 pin (SPDT)	1 개	
07	Transistor	C1569 (NPN)	2 개	
08	Resistor	330 Ω, 1/8 watt	2 개	
09	Diode	IN4001 (1 amp/50 volt)	2 개	
10	Zener Diode	IN4735 (6.2 Volts)	2 개	
11	Lamp	24VDC	2 개	

1.5 패턴도 및 회로 꾸미기

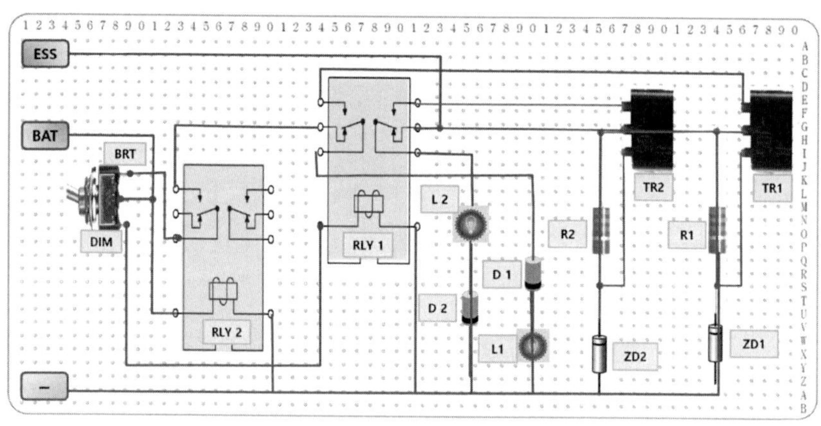

그림 6-2 항공기 조명등 부품 패턴도(부품 배치도)

회로도만 보고 바로 회로를 제작할 수도 있지만 그림 6-2와 같이 패턴도를 본인이 직접 작성하면서 회로도를 완전히 이해한 후 납땜을 하기를 권한다. 이는 한번 납땜을 실시한 후에는 수정하기가 어렵고 또한 부품이 손실되는 실수를 피하고 문제 발생 시 고장탐구도 어렵다. 회로도의 이해를 돕기 위해서 부품 기호 대신 실제 사진으로 대치를 해보았다. 패턴도는 납땜 작업 전 예비 작업으로 뚜렷한 규칙은 없다. 8 pin

Relay도 이해를 돕기 위해서 내부 회로도를 그린 상태에서 회로 전선을 연결하는 것이 이해하기 쉽다. 또한 이곳에서 표시를 안 했지만 Relay 대신 IC Socket를 연결하여 납땜을 하고 Relay은 IC Socket 위에 장착을 해야 한다. 또한 TR의 pin 위치도 NPN형 또는 PNP형을 DATA SHEET에서 반드시 확인 후에 연결하여야 한다.

2 APU Air Inlet Door Control Circuit

2.1 회로도

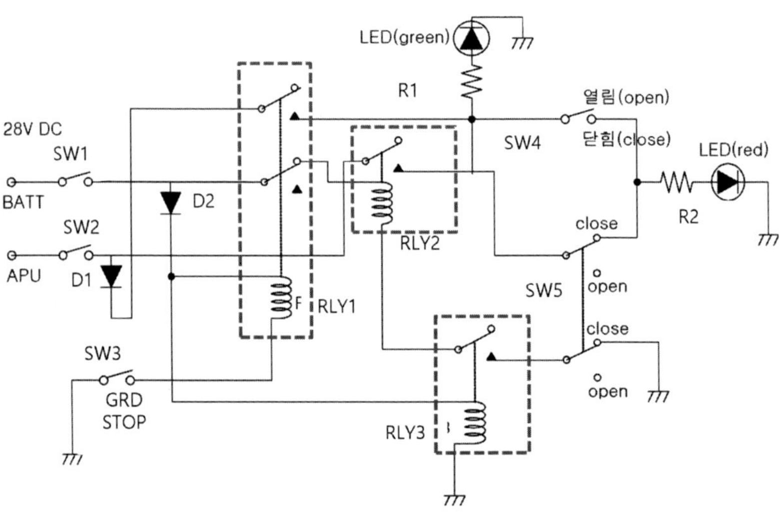

그림 6-3 APU Inlet Door Control 회로도

2.2 회로 개요

APU Door Control 회로로서 이는 항공기 지상에서 APU를 작동 시킬 때 또는 정비를 위해서 먼저 APU Door를 작동시킬 때 작동시키는 것으로 Door의 개폐여부를 나타내는 회로이다. 특히 APU Door를 작동시킬 때는 먼저 전제 조건(preset)이 있다. 그래서 본격적으로 작동시키기 전에 조건을 미리 만족시켜야 된다.

2.3 회로 작동 시험(Circuit Operational Test)

2.3.1 Door Open on the Ground(지상에서 도어 Open)

① SW3 : OFF, SW4 : OPEN(off), SW5 : CLOSE (현 위치)에 놓는다.

② SW1 and SW2를 ON하면 LED(G) & LED(R) both ON 된다.

이는 SW1을 ON 하면 28VDC가 D2 순방향으로 전류가 흘러 RLY3의 코일을 자화 시켜서 접점을 연결한다. 동시에 SW1에서 나온 전원은 RLY1 내부의 하단 NC(Normal Close)점을 지나 RLY3가 close 해놓은 접점으로 RLY2의 ground 점을 SW5를 통해서 이루어져 RLY2가 자화 된다. 이때 SW2를 ON하면 RLY2 접점을 지나 LED(G)을 ON 시키고 SW5에 연결된 LED(R)를 ON 시킨다.

③ SW3를 ON(GRD STOP)에 놓아도 both LED 는 계속 ON이 될 것이다.

SW3를 ON 즉 지상에서 GRD STOP을 시켜도 RLY1이 작동하여 새로운 접점(RLY1에서 상위 접점)을 만들어 낸다. SW2 전원이 다이오드를 RLY1의 상위 접점을 지나 both LED는 계속 ON이 된다.

④ SW1 아니면 SW2 중 어느 하나를 OFF 하면 both LED는 OFF 된다.

SW1을 OFF하면 RLY1 & RLY2가 off 되면서 both LED가 OFF 되거나 SW2을 OFF하면 both LED의 전원이 끊어지면서 both LED가 OFF 된다.

2.3.2 Door Close on the Ground(지상에서 Door Close)

① SW1 & SW2 — OFF, SW4 — OPEN, SW5 — CLOSE로 선택한다.

② SW3를 CLOSE로 선택한다.

SW3를 CLOSE 위치에 놓는다는 것은 지상에서 Door를 close(Groud Stop)한다. 그러면 RLY1이 자화(磁化) 되면서 상위 접점을 만들어 낸다.

③ SW1 & SW2를 ON 하면 both LED 1 & LED 2가 ON 된다.

SW1을 ON 하면 RLY1이 자화 되어 새로운 접전을 만들어내고 SW2 전원이

RLY1의 접점을 지나 both LED에 연결되어 ON 된다.

2.4 필요 자재

순번	품명(Nomenclature)	규격(Specifications)	수량(Required Quantity)	비고(Note)
01	기판(PCB)	20 x 40	1	
02	실땜납	60GXM3	100 Cm	
03	3 색 단선	0.6 mm	100 Cm	
04	Relay(계전기)	24VDC - 4 pin	2 개	PCB 장착용
05	Relay(계전기)	24VDC - 8 pin	1 개	PCB 장착용
06	Relay Socket	8 pin 장착용	3 개	
07	Slide Switch	3 pin (SPDT)	4 개	
08	Slide Switch	8 pin (DPDT)	1 개	
09	Diode	IN4001	2 개	
10	Resistor	1.2 KΩ 1/2w	2 개	
11	Diode	IN4001 (1 amp/50 volt)	2 개	
12	LED	4 Φ Red/Green	2 개	1 ea

2.5 패턴도 및 회로 꾸미기

RLY2&RLY3를 편의상 옆으로 눕혀서 작성을 하였다. 그리고 SW가 3 pin으로 사용하더라도 접점을 잘 찾아서 ON/OFF SPST로 사용하여도 된다. LED와 다이오드는 극성이 있으므로 전원의 + 방향을 잘 찾아서 배치하는 것이 중요하다.

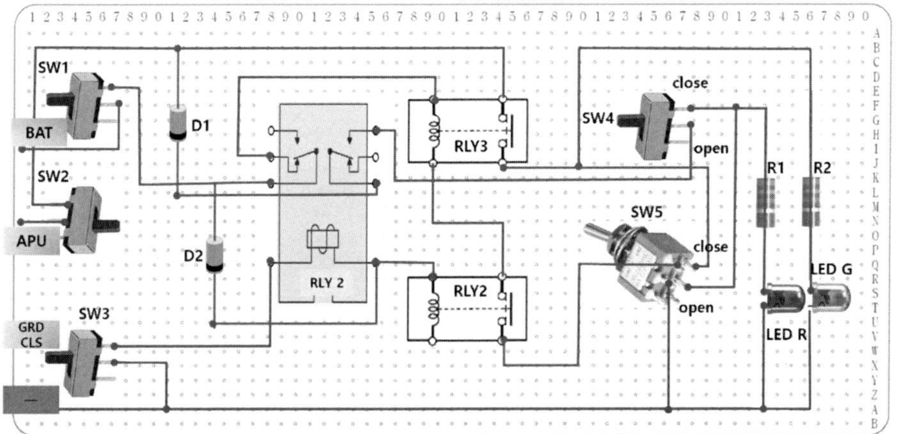

그림 6-4 APU Inlet Door Control 회로 패턴도

3 객실압력고도 경고계통 (Cabin Depressurization Warning System)

3.1 회로도

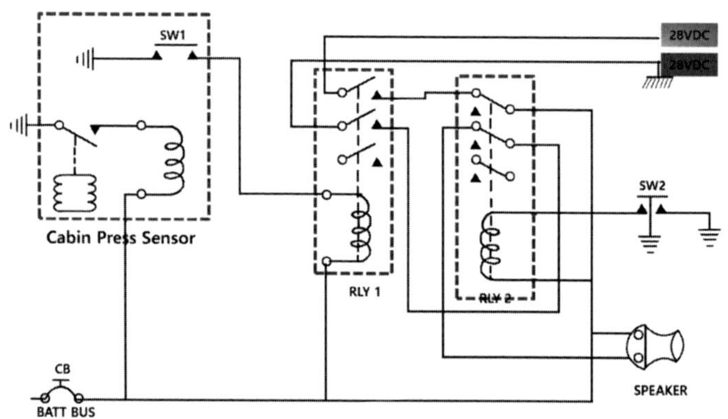

그림 6-5 Cabin Depressurization Warning 회로도

3.2 회로 개요

상용 여객기의 객실 내 압력유지를 대체적으로 8,000 feet(압력: 약 11 psi) 정도로 유지한다. 그러나 비행 중 객실 압력 유지 계통 고장으로 객실 내 고도가 상승하면(객실 내 압력이 낮아지면) 승객들한테 위험하다. 대체적으로 10,000 feet 정도에서 경고가 나타나고 14,000feet 정도에서 산소마스크가 승객들한테 제공이 된다. 이 회로는 약 10,000feet로 객실 내 압력이 떨어지면 압력스위치(pressure switch)가 작동하여 경고 회로를 작동하여 스피커(speaker)가 작동한다. 물론 이 회로에 경고등도 부착할 수가 있다. 이 회로대로 pressure switch를 연결하고 압력을 제공하기에는 현장에서 어려움이 있으므로 압력 스위치 대신 ON/OFF Switch(SW1)로 대치한다.

3.3 회로 작동 시험

① SW1이 ON 되면 HORN이 작동한다.

객실 내 압력이 떨어져서 압력 스위치가 작동을 하면(여기서는 SW1을 ON) BATT BUS 의 + 전원과 연결이 되어 RLY1 작동하여 새로운 접전이 이루어지면서 + 28VDC가 RLY1 상위 접점(NO)을 지나 RLY2의 NC점을 지나 SPEAKER에 연결되고 - 28VDC은 RLY1의 하위 점(NO)을 지나 RLY2의 하위 점(NC)를 지나 SPEAKER에 연결되어 작동한다.

② SW2를 ON 하면 SPEAKER가 작동을 멈춘다.

흔히들 SW2의 기능을 RESET SWITCH라고 한다. 현재 SPEAKER가 계속 작동을 하고 있는 중에 소리를 멈추게 하려면 RESET를 하게 되는데 여기서는 SW2을 ON 하면 RLY2의 코일의 전원에 GROUND 점을 연결하게 되어 RLY2가 작동한다. RLY2 NC 점을 통해서 전해지던 전원이 RLY2가 자화 되면서 접점이 끊어져서 SPEAKER의 전원이 끊기게 되어 SPEAKER의 작동은 멈춘다.

3.4 필요 자재

순번	품명(Nomenclature)	규격(Specifications)	수량(Required Quantity)	비고(Note)
01	기판(PCB)	20 x 40	1	
02	실땜납	60GXM3	100 Cm	
03	3 색 단선	0.6 mm	100 Cm	
04	Relay(계전기)	24VDC - 8 pin	2 개	PCB 장착용
05	Relay Socket	8 pin 장착용	2 개	
06	Push Button Switch	2 pin	2 개	
07	Horn	24 VDC operative	1 개	
08	Pressure Sensor			SW1 대체

회로도에서 객실 내 압력 스위치 - 내부에 압력 스위치 및 RELAY - 대신 수동으로 작동할 수 있는 SPST 토글 스위치(toggle switch)를 대신 작성하였다. 객실 내 압력 스위치를 작동시키려면 압력을 공급해야 되는 특수 장비 및 설비들이 되어 있어야 하는 등 일반 교육 현장이나 시험장에서는 준비하는 것이 어려우므로 현재는 스위치 하나로 대신하고 있다.

4 DIM/BRT Light Control(By Zener Diode)

4.1 회로도

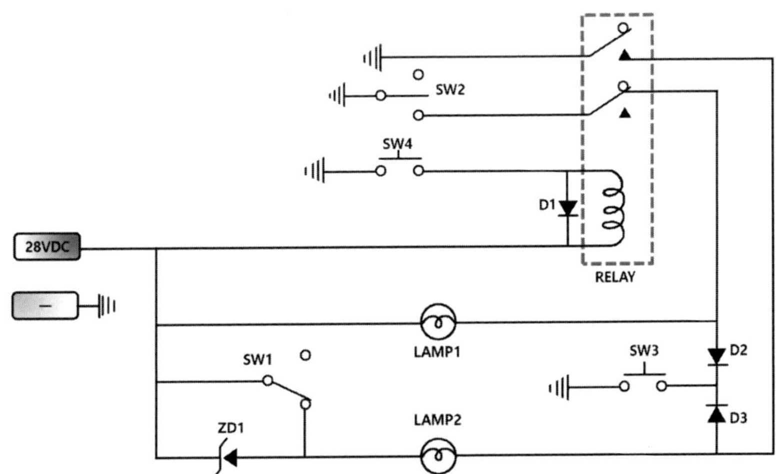

그림 6-6 Dim/Bright Light Control by Zener Diode 회로

4.2 회로 개요

28VDC로 작동되는 2개의 LAMP를 DIM/BRT로 작동하는 회로이다. LAMP로 들어가는 전압을 SW1의 선택에 따라 Full Power로 공급할 때는 LAMP가 BRT로 작동하고 Zenor Diode(ZD1)를 통해서 전압을 조절하여 DIM으로 조절하는 회로이다.

4.3 회로 작동 시험

① SW1 any position, SW3 & SW4 - OFF 상태에서 SW2를 position 1에 선택하면 L1이 ON 된다.

② SW1, SW2 위치에 관계없이 SW3를 ON 하면 L1 & L2가 ON 된다. 이 상태에

서 SW 1을 BRT 또는 DIM으로 작동하면 L2도 BRT 또는 DIM으로 작동한다.

③ SW2에 상관없이 SW4를 작동하면 RLY가 작동하여 L1은 OFF, L2는 ON 된다. 이 상태에서 SW1을 BRT 또는 DIM으로 선택하면 L2가 BRT 또는 DIM 으로 작동하며 SW3를 작동하면 L1이 ON 된다.

④ SW2를 1 위치로 선택하면 L1이 ON 되고 SW3를 ON하면 L2가 ON 된다. 이 상태에서 SW1을 작동하면 L2RK BRT 또는 DIM으로 작동한다. 이 상태에서 SW4를 작동하면 L1은 OFF 되고 L2는 ON 되면 SW1에 의해서 L2는 BRT 또는 DIM으로 작동한다.

4.4 필요 자재

순번	품명(Nomenclature)	규격(Specifications)	수량(Required Quantity)	비고(Note)
01	기판(PCB)	20 x 40	1	
02	실땜납	60GXM3	100 Cm	
03	3색 단선	0.6 mm	100 Cm	
04	Relay(계전기)	24VDC - 8 pin	1 개	PCB 장착용
05	Relay Socket	8 pin 장착용	1 개	
06	Push Button Switch	2 pin	2 개	
07	Toggle Switch	2 pin (SPST)	2 개	
08	Diode	IN4001	3 개	
09	Zener Diode	IN4735	1 개	
10	Lamp	24VDC (mini)	2 개	

4.5 패턴도 및 회로 꾸미기

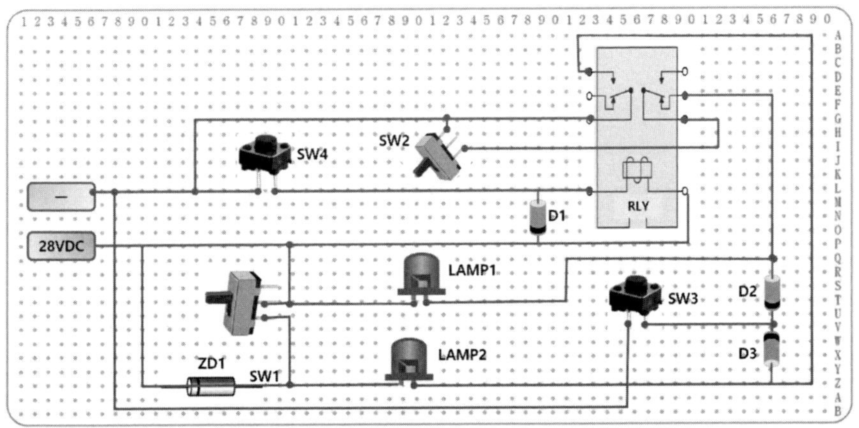

그림 6-7 Dim/Bright Light Control by Zener Diode 회로 패턴도

5 발연감지경고계통(Smoke Detector Warning System)

5.1 회로도

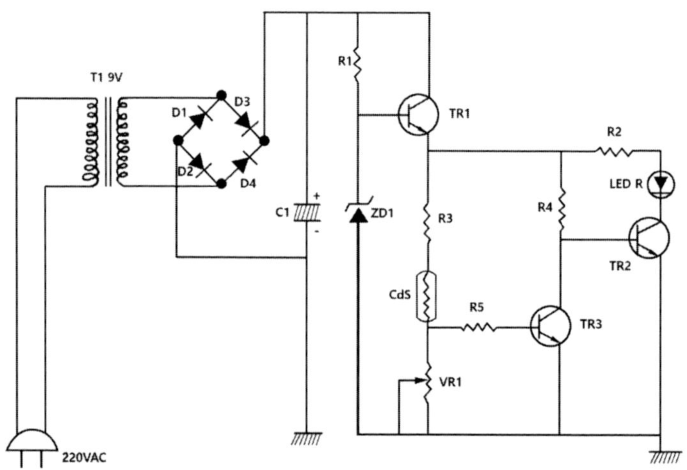

그림 6-8 발연감지경고계통(Smoke Detector Warning System) 회로도

5.2 회로 개요

CdS의 빛에 따라 변화하는 가변저항의 성질을 이용해서 발연 상태를 감지하여 경고해주는 계통이다. 일반 가정에서 사용하는 220VAC를 변압기를 통해서 감압시킨 후에 정류기를 통해서 직류로 변경하여 반도체들을 작동시켜서 발연을 감지하게 되면 LED를 작동시키는 회로이다. 또한 가변 저항으로 자체 시험 회로를 만들어서 계통이 정상적으로 작동하는지를 점검하는 회로가 추가되었다.

5.3 회로 작동 시험

① CdS를 어둡게(불이 나서 연기가 CdS를 빛으로부터 차단)하면 LED가 ON 된다.

TR1의 E에 걸린 전압은 CdS의 저항이 높아지면서 저항 R4를 지나 TR2를 turn on 시켜서 LED를 작동시킨다.

② CdS가 빛을 받게 하면 LED 가 OFF 된다.

CdS가 빛을 받게 하는 것은 임의로 어둡게 하던 것을 다시 일상 빛을 받게 하면 내부 저항이 작아져서 CdS를 통해서 전류를 통과시키고 또한 TR3를 turn on 시키게 되어 TR2를 더 이상 turn on 시키지 못하여 결국은 LED가 OFF 된다.

③ CdS 대신 VR를 작동시키면 LED가 ON / OFF 된다.

가변저항을 Full Down(저항 값을 크게 함)하면 CdS의 빛을 어둡게 하여 저항을 크게 한 것과 같은 효과가 있어 TR2가 turn on 되면서 LED가 ON 되고 저항 값을 작게 하면 TR3가 turn on 되고 TR2는 off 되면서 LED는 OFF 된다.

④ 여기서 C1은 전파 브릿지에서 나오는 AC 성분을 제거해주는 필터로서 보다 좋은 DC 성분이 나오도록 하기 위함이다.

5.4 필요 자재

순번	품명(Nomenclature)	규격(Specifications)	수량(Required Quantity)	비고(Note)
01	기판(PCB)	20 x 40	1	
02	실 땜납	60GXM3	100 Cm	
03	3 색 단선	0.6 mm	100 Cm	
04	Transistor(TR)	C1959	3 개	PCB 장착용
05	LED	4 Φ	1 개	
06	Resistor(R2, R4)	330 Ω	2 개	
07	Resistor(R1, R3)	1 KΩ	2 개	
08	Resistor(R5)	5.6 Ω	1 개	
09	Variable Resistor	1 KΩ	1 개	

순번	품명(Nomenclature)	규격(Specifications)	수량(Required Quantity)	비고(Note)
10	Diode	IN4001	4 개	
11	Zener Diode	IN4735	1 개	
12	Transformer	220VAC/9VAC	1 개	
13	전해 콘덴서	1000Mf/28V	1 개	
14	CDS	5 mm / 33 mm	1 개	
15	전원 플러그	TF에 연결용	1 개	연결용

5.5 패턴도 및 회로 꾸미기

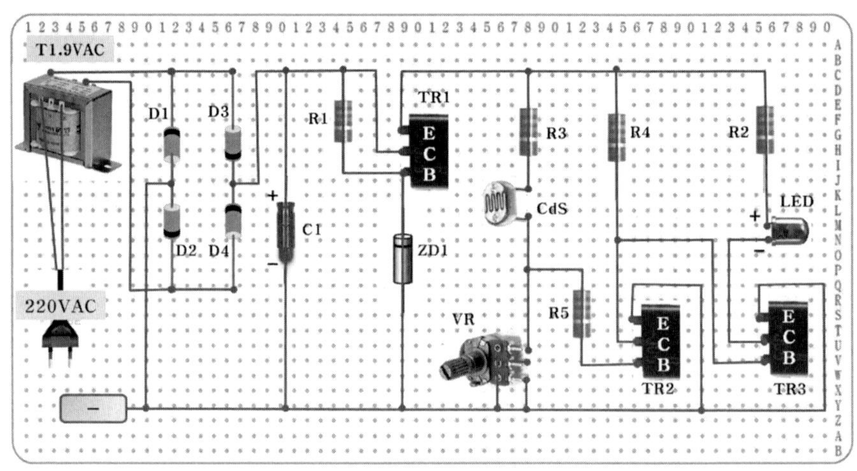

그림 6-9 발연감지경고계통 패턴도

① 변압기 1차 코일(입력부분)을 보면 0V, 110V, 220V 3 단자가 있게 되는데 입력 연결을 하기 위해선 0V와 220V를 연결한다. 변압기 2차 코일(출력 부분)에서 0V단자에 Negative(-) 선을 연결하고 9V에 Positive(+)선을 연결한다.

② 정류기 다이오드 4 개는 극성을 잘 확인하여 연결하여야 한다. 하나라도 극성이 바뀌게 되면 작동불능이 되고 이 회로에서 콘덴서는 정류기를 통해서 나온 직류

에 교류성분을 제거해서 보다 양질의 직류 전기를 얻기 위한 것이다. 이 콘덴서는 극성을 가지고 있어서 연결할 때 극성을 고려하여야 한다.

③ TR의 E,B,C pin 배열을 다시 한번 확인하여 연결하고 LED 또한 극성이 있으며 그 외 CdS, 저항 등은 극성이 없다.

6 DIM/BRT Control by Resistor

6.1 회로도

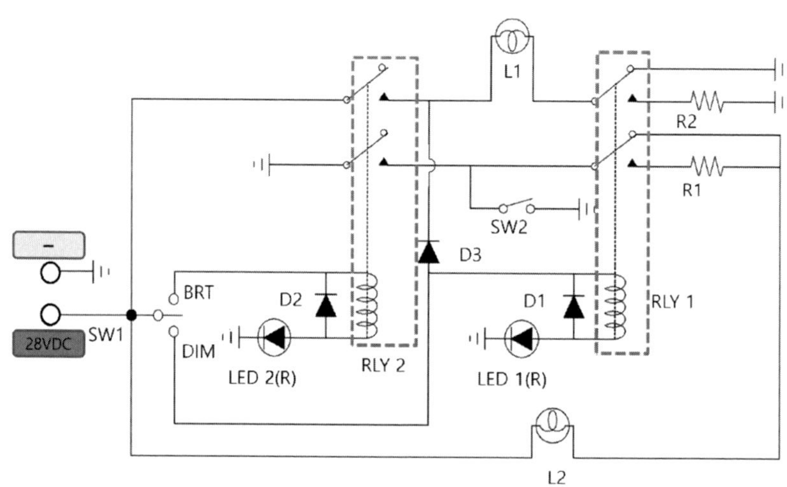

그림 6-10 DIM/BRIGHT Control by Resistor 회로도

6.2 회로 개요

L1 & L2가 SW1의 선택에 따라 저항(R1.R2)으로 연결되어 DIM control이 되는 회로이다. 그리고 RLY 작동여부를 LED를 통해서 알 수 있도록 되어 있다.

6.3 회로 작동 시험

① SW1을 OFF 한 상태에서 SW2를 ON 하면 L2가 ON 된다.

SW2를 ON하게 되면 RLY 1의 하위 점인 NC 접점을 지나 L2와 연결되어 L2가 ON 된다.

② SW1을 BRT에 선택하면 RLY2가 작동하여 LED 2(G)가 ON 되고 L1 & L2가 ON 된다.

SW1을 BRT에 선택하면 RLY 2가 자화 되면서 LED2(G)가 ON 되고 28VDC가 RLY2의 상위 점을 지나 L1이 ON 되고 L2의 전원 ground가 RLY2 하위점을 지나 연결되어 L2가 ON 된다.

③ SW1을 DIM 에 선택하면 LED1(R)이 ON 되고 L1이 DIM 으로ON 되고 SW2를 ON하면 L2가 DIM으로 ON 된다.

SW1을 DIM에 선택하면 RLY 1이 작동하면서 LED1(R)이 작동하고 RLY1의 새로운 접점(상위 점)에 저항과 연결되어 L1이 DIM Light로 ON 된다. 이때 SW2을 ON 하여 ground 연결하면 L2가 저항과 연결되어 DIM으로 ON 된다.

6.4 필요 자재

순번	품명(Nomenclature)	규격(Specifications)	수량(Require Quantity)	비고(Note)
01	기판(PCB)	20 x 40	1	
02	실땜납	60GXM3	100 Cm	
03	3 색 단선	0.6 mm	100 Cm	
04	Relay	24VDC 8 pin	2 개	
05	Relay Socket	24VDC 8 pin	2 개	
06	Toggle Switch	2 pin	1 개	
07	Toggle Switch	3 pin	1 개	
08	Resistor	330 Ω	2 개	
09	Diode	IN4001	3 개	
10	LED	4 Φ	2 개	
11	Lamp	24VDC	2 개	

6.5 패턴도 및 회로 꾸미기

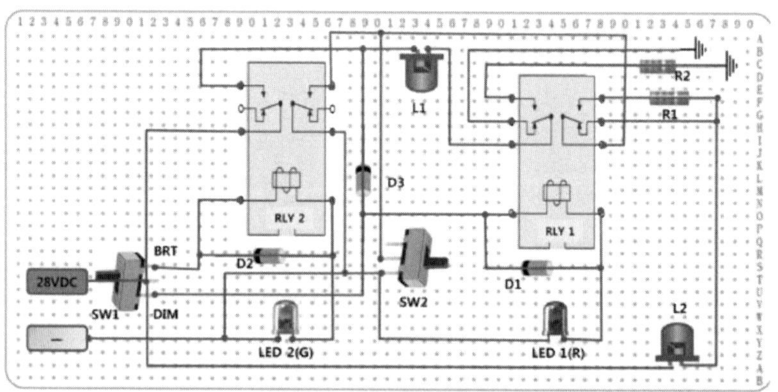

그림 6-11 DIM/BRIGHT Control by Resistor 패턴도

전원이 연결되는 **SW1**은 **3 pin SW**로서 전원은 가운데 **Neutral** 점에 연결하고 **Switch** 선택에 따라 **BRT** 또는 **DIM**으로 선택 연결이 된다. 이에 비해 **SW2**는 **2pin**이면 된다. 즉 **SPST ON/OFF**로만 선택하면 된다. 다이오드와 **LED**는 극성이 있으므로 전원 방향을 잘 확인하여 연결하여야 한다.

7 경고 계통(Warning System)

7.1 회로도

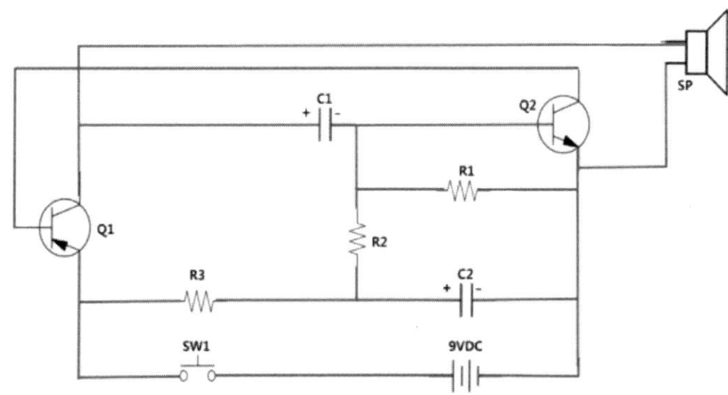

그림 6-12 경고 계통(Warning System) 회로도

7.2 회로 개요

Switch가 작동하면 TR을 turn on 하여 Speaker를 작동시키는 회로이다. NPN 및 PNP TR이 turn on 되면서 회로를 완성되는 것이다.

7.3 회로 작동

① SW1을 ON 하면 9VDC 전원이 R2 & R3를 지나면서 Voltage Drop 되어 Q2 base에 + 전압이 연결되어 Q2를 turn on 시킨다. Speaker는 Negative Power에 연결 되어 있는 상태에서 Q2를 turn on 시키는 전원은 계속해서 Q1 base에 Negative 전원이 연결되어 Q1을 turn on 시키게 되어 9VDC가 Q1을 지나 Speaker Positive에 연결되어 Speaker는 작동한다.

② SW1을 OFF 하면 Speaker 작동이 멈춘다.

7.4 필요 자재

순번	품명(Nomenclature)	규격(Specifications)	수량(Required Quantity)	비고(Note)
01	기판(PCB)	20 x 40	1	
02	실 땜납	60GXM3	100 Cm	
03	3 색 단선	0.6 mm	100 Cm	
04	Condenser(C1)	0.02 μF (마일러)	1 개	
05	Condenser(C2)	47 μF 9V (전해)	1 개	
06	Transistor(Q1)	2N 4126	1 개	
07	Transistor(Q2)	2N 4124	1 개	
08	Resistor(R1)	56 KΩ	1 개	
09	Resistor(R2)	68 KΩ	1 개	
10	Resistor(R3)	27 KΩ	1 개	
11	Speaker	9 VDC	1 개	

7.5 패턴도 및 회로 꾸미기

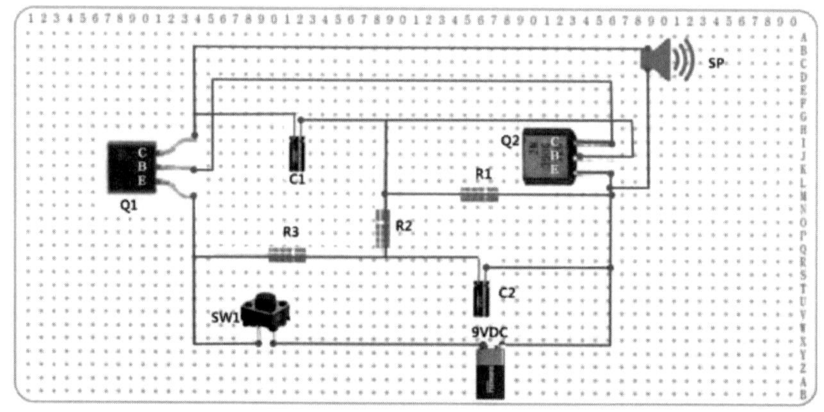

그림 6-13 경고계통(Warning System) 패턴도

Q1(PNP type) 및 Q2(NPN type)의 pin 배열을 확인하고 연결하는 것이 중요하고 또한 콘덴서도 극성이 있다. 저항 값이 정확한 것을 장착을 해야 TR이 작동한다.

제 7 장

항공정비사 전기전자작업

1. 메가 옴 절연 시험기
2. 전기전자작업 – 회로 꾸미기

1 메가 옴 절연 시험기

항공 종사자 - 항공 정비사 - AVIONICS분야에서 메가 옴 절연 시험기(megohm-resistance tester 또는 megohm-meter)란 접지 저항이나 전력계통의 접지 및 절연저항과 같은 높은 저항을 측정하기 위해 사용되는 특별한 형태의 옴 메터(ohm-meter)이다.

저항을 측정하는 멀티 미터와 다른 점은 상대적으로 고전압을 가한다는 것으로 실기시험에서 유도 전동기 및 변압기의 권선의 절연 상태를 측정하는 것은 이들의 절연 저항은 이러한 고전압이 가해져도 얼마 동안 절연을 유지하는 힘이 있어야 한다는 것이다.

대체적으로 절연 상태를 시험하기 위해서 500VDC에서 거의 2,000VDC까지 공급하여 최소 절연은 최소 10MΩ 이상이어야 안전하다.

테스터의 종류는 휴대용과 탁상용으로 나눌 수 있고 지시 방식에 따라 아날로그와 디지털 방식이 있다. 이 장에서는 각종 시험 또는 교육용으로 사용되고 있는 기본형인 아날로그 테스터와 디지털 방식을 기본으로 설명한다.

그림 7-1 디지털 & 아날로그 메가 옴 절연 시험기

1.1 디지털 메가 옴 절연 시험기

1.1.1 디지털 지시 방식

디지털 값으로 자동으로 표시하며 상기 테스터의 최대 지시 값이 4,000 MΩ 지시한

다. 이는 장비 특성상 무한대 값으로 해석이 된다.

1.1.2 측정대상

측정 대상 : 절연저항, 직류전압(DC volt), 교류전압(AC volt), 저항(resistor)

1.1.3 메가 옴 절연 시험기 제원

표 7-1 절연 시험기 제원

구분	내용
모델번호	IR 4056/7
절연저항 측정	100MΩ - 4,000MΩ
DC 전압 공급	50 V - 1,000 V
DC/AC 전압 측정	750V
저항 측정	0–1,000Ω
사용전지(Battery)	LR6 Alkaline x 4 개 내장
과부하보호회로	600 VAC (10s, using Fuse)

1.1.4 메가 옴 절연 시험기 부분품 명칭

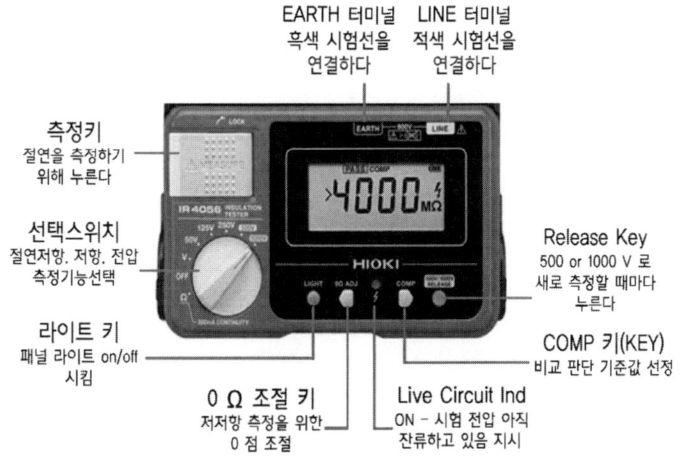

그림 7-2 디지털 메거 옴 메터 부분품 명칭

1.1.5 테스터 사용시 주의 사항

고압에 감전, 회로 및 장비의 손상을 예방하기 위해 다음 사항을 주의하여야 한다.

① 절연저항을 측정하기 위해 고압이 공급이 되기 때문에 리이드 선 등 금속물질을 만지지 마라.

② 측정이 끝났다고 해서 시험 후 바로 피측정물을 만지지 마라. 고압의 전류가 잔류하고 있다.

③ 측정이 끝나면 도체 부위(리이드 선 등)를 방전시켜라.

④ 생물에 절연저항의 측정을 시도하지 마라. 치명상을 입을 수 있다. 측정하기 전 항시 측정기의 전원은 off 해두어라.

⑤ 낮은 전압으로 작동되는 반도체 소자들이 있는 회로에서 절연 시험을 실시하지 마라. 고압의 전압 공급은 반도체 회로에 치명적이다.

1.1.6 테스터 사용법(How to Measure)

① 흑색 리이드 선을 EARTH 터미널에 연결하라.

② 적색 리이드 선을 LINE 터미널에 연결하라.

③ 측정키 스위치를 제 자리에 놓아라. 세워져있다면 제 위치로 내려놓아라.

④ 500V 또는 1000V에 선택하라. LOCK를 풀기위해서 LIVE CIRCUIT IND를 push 하라.

⑤ 흑색 리이드 선을 EARTH 터미널에 연결확인하고 측정물의 GROUND쪽에 연결하라.

⑥ 적색 리이드 선을 LINE 터미널에 연결확인하고 측정물에 연결하라.

⑦ 측정키(measure key)를 push 해라(계속 연속으로 측정하고자 할 때는 측정키를 Raise 해라).

⑧ 지시치가 안정되면 값을 읽어라.

⑨ 다른 측정물을 측정하고자 연결할 때는 먼저 측정키를 off 하고 연결하라.

⑩ 500V 또는 1000V 선택을 새롭게 하든지 아니면 새로운 피측정물에 연결하기 전에 항시 RELEASE key를 작동시켜 잔류하고 있는 전류를 Release시켜라.

⑪ 캐패시터 등을 포함하고 있는 부분품의 절연저항을 측정할 때에는 내부에서 충전이 되면서 전하를 축적하고 있어서 만졌을 경우 방전에 의한 감전될 위험이 있다. 본 시험기는 자동으로 방전 기능이 되어 있다. 측정키를 OFF 하고 기다리면 방전이 될 것이다.

⑫ 방전이 다 이루어지면 Live Circuit Indicator의 번개표 표시등이 사라 질 것이다.

1.2 아날로그 메가 옴 절연 시험기

1.2.1 아날로그 지시 방식

아날로그 값으로 지시하며 이는 측정자가 선택한 범위를 고려해서 직접 측정값을 읽어야 한다.

1.2.2 측정대상 : 절연저항

1.2.3 메가 옴 절연 시험기 제원

표 7-2 메가 옴 절연 시험기 제원

구분	내용
모델번호	HS-501-04
유효절연저항 측정	0.5MΩ - 1,000MΩ
DC 전압 공급	500V
사용전지(Battery)	R6(AA) 1.5 x 8 개 내장
자체 테스트 기능	자체 Battery Power Test

1.2.4 아날로그 메가 옴 절연 시험기 부분품 명칭

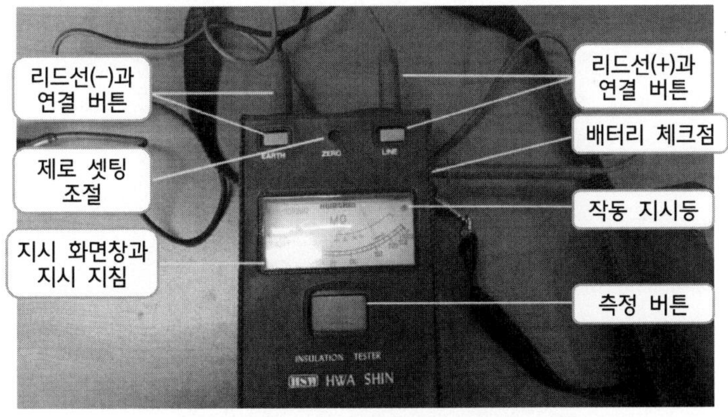

그림 7-3 아날로그 메거옴메터 부분품 명칭

1.2.5 테스터 사용법(How to Measure)

① 흑색 리드선을 "EARTH" 버튼을 누른 채 터미널에 연결하고 버튼을 놓아라.

② 적색 리드선을 "LINE" 버튼을 누른 채 터미널에 연결하고 버튼을 놓아라.

③ 적색 리드선을 배터리 체크점에 꽂으면 바늘이 BATT 계기범위(녹색)안에 지시하는지 체크하라.(그림 7-4)

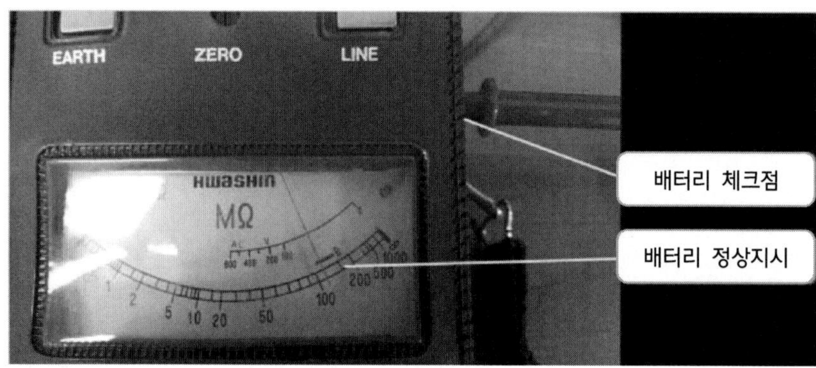

그림 7-4 배터리 체크 및 정상 지시

④ 측정버튼을 누르고 바늘의 지시값을 읽어라. 정상 작동이 되면 "정상 작동 등" 녹색 등(lamp)이 ON 된다.

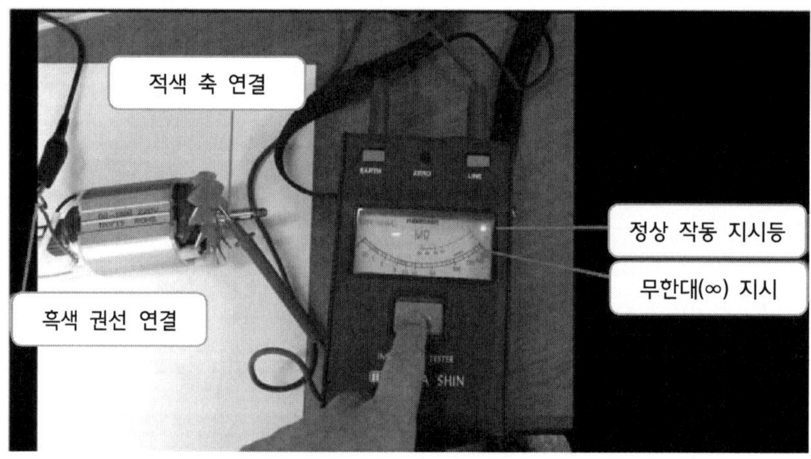

그림 7-5 전동기 절연저항 측정

2 전기전자작업 – 회로 꾸미기

2.1 Light Circuit Controlled by Relay and Switch

① 회로도

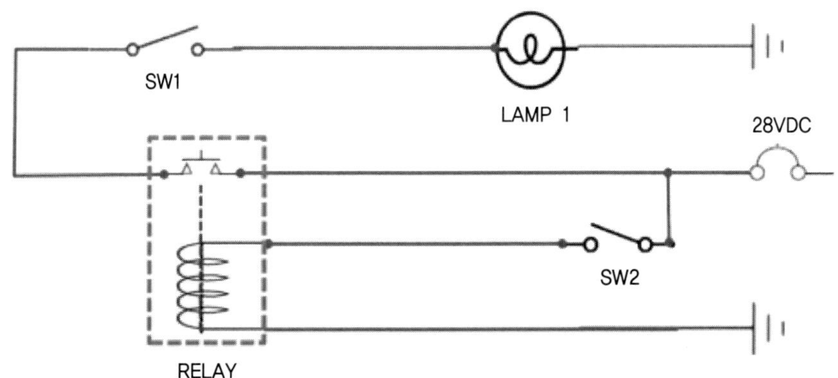

그림 7-6 릴레이 작동 라이트 ON 회로

② 패턴도(부품도)

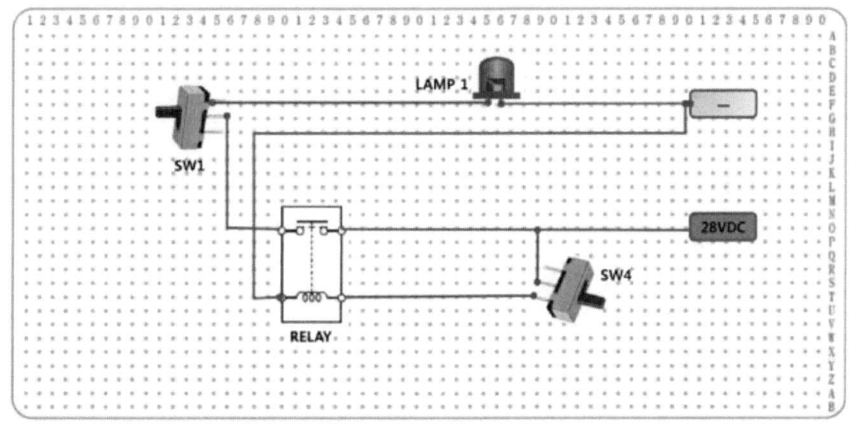

그림 7-7 릴레이 작동 라이트 ON 회로 패턴도

③ 브레드보드와 부품 연결 회로 완성

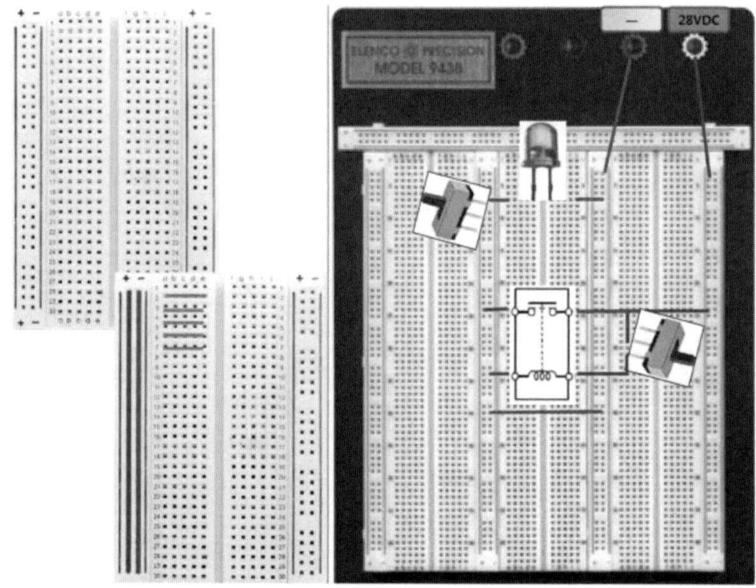

그림 7-8 브레드보드상 회로 꾸미기

④ 회로설명

회로차단기(circuit breaker)에 전원이 연결되고 CB가 close 되어 있는 상태에서 스위치 2를 on 하면 릴레이가 작동하여 접점을 close 해준다. 이때 스위치 1을 on 하면 lamp 1은 작동을 한다. 어느 스위치이든 off 하면 lamp 1도 같이 off 되어야 한다.

2.2 Light ON and Voltage & Current Measurement

① 회로도

9VDC를 공급하는 BATTERY, 24 VDC로 작동되는 LAMP, 10Ω짜리 저항 그리고 SPST 제어 스위치로 구성되는 단순한 회로도이다. 9VDC 전원에 24VDC로

작동되는 LAMP를 연결하고 추가로 저항 10Ω을 LAMP와 직렬로 연결하였으니 LAMP는 작동 되더라도 밝기가 어둡다.

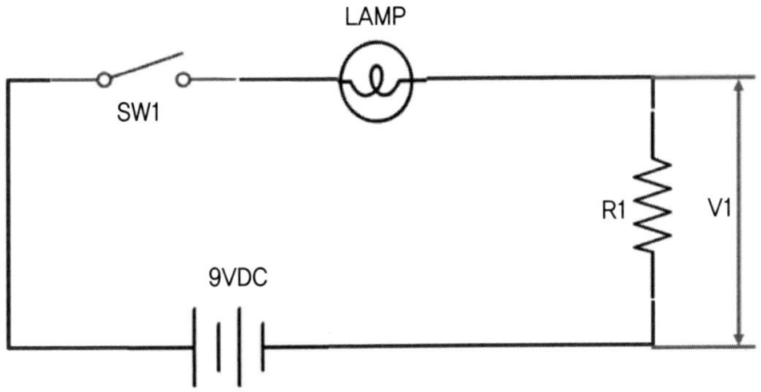

그림 7-9 Light Circuit operated by 9VDC

② 부품설명

- Switch : SPST
- LAMP : 28VDC
- 전원 : 9VDC 배터리
- 저항 : 10Ω

③ The Circuit on Breadboard

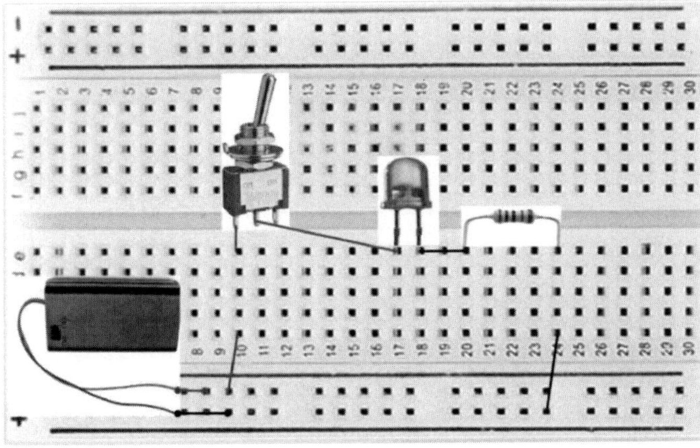

그림 7-10 Circuit built on Breadboard

④ 전압 측정

- Switch ON 하면 Lamp가 on 되는 간단한 회로를 Breadboad에 구성하라.
- Switch ON/OFF 상태에서 V1 전압을 측정하라. 저항과 multimeter를 병렬로 연결하고 측정을 한다.

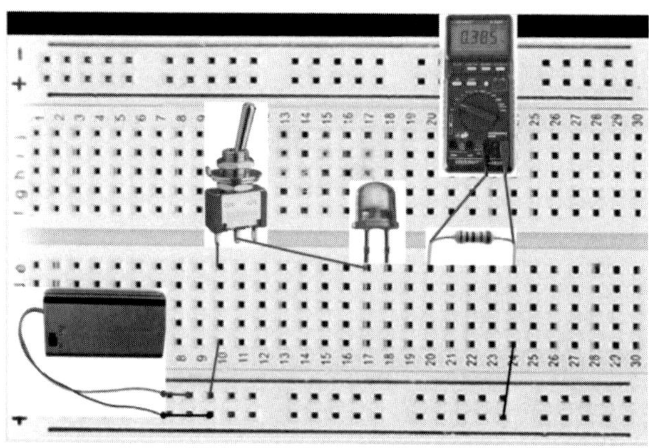

그림 7-11 저항과 테스터 병렬연결 및 전압 측정(Drop Voltage)

⑤ 전류 측정

- Switch ON/OFF 상태에서 회로 전체에 흐르는 전류 측정하라. 전류를 측정하기 위해서는 현재의 폐회로에서 한 부분을 분리해서 멀티메터의 기능 스위치를 DC 전류를 선택한 상태에서 직렬로 연결한다. 극성을 잘 고려하여 연결한다. 현재 이 그림에서는 전류를 측정하기 위해서 배터리에서 스위치로 가는 전선을 끊어서 배터리의 + 선에 테스터 흑색 리이드 선을 연결하고 떼어낸 전선의 스위치쪽 선에 테스터의 적색 리이드 선을 연결하여 전류를 측정하면 된다.

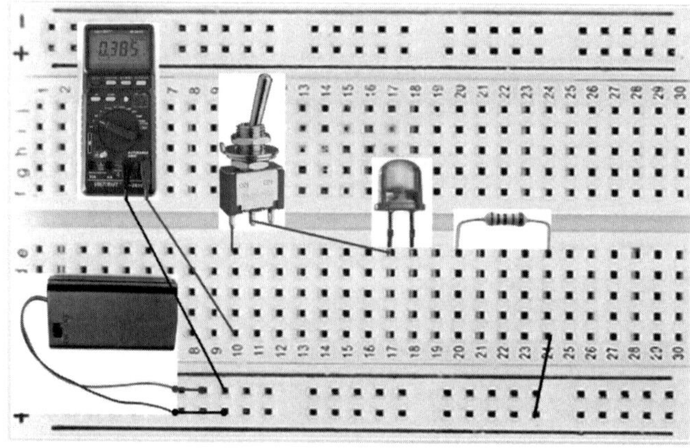

그림 7-12 회로와 멀티메터 직렬연결 및 전류 측정

2.3 변압기 권선 저항 측정

변압기 입력단(1차 코일) 변압기 변압기 출력단(2차 코일)

그림 7-13 변압기 입력단 및 출력단

상기 그림에서 보듯이 변압기는 입력단인 1차 코일과 출력단인 2차 코일로 구성이 되어 있으며 각 코일들은 절연이 되어 있는 에나멜선 등으로 권선을 이루고 있다. 변압기의 권선 저항을 측정하는 것은 바로 이 코일인 권선의 저항을 측정하는 것으로 몇 가지 주의할 필요가 있다. 상기 그림 7-13 변압기 같은 경우 입력단인 1차 코일에서는 0-110V, 0-220V 2곳을 측정하여야 하고 2차 코일 출력단에서는 0-9 2곳을 측정하여야 한다. 저항값이 대체적으로 낮으므로 주의를 하여야 한다.

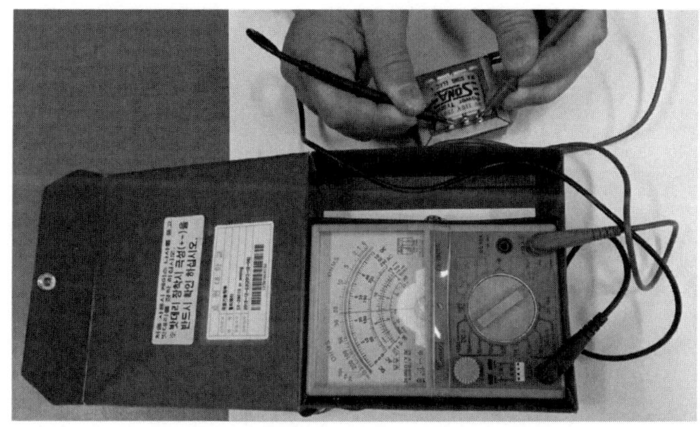

그림 7-14 변압기 출력단 권선저항 측정

상기는 현재 변압기 입력단 중 하나인 0-110V의 1차 코일 권선의 저항을 측정하고 있다. 약 220Ω정도 지시하고 있다(바늘 : 22 x R10). 출력단인 2차 코일 같은 경우는 저항값이 이보다 낮다.

2.4 전동기 권선저항 측정

그림 7-15 전동기 권선저항 측정

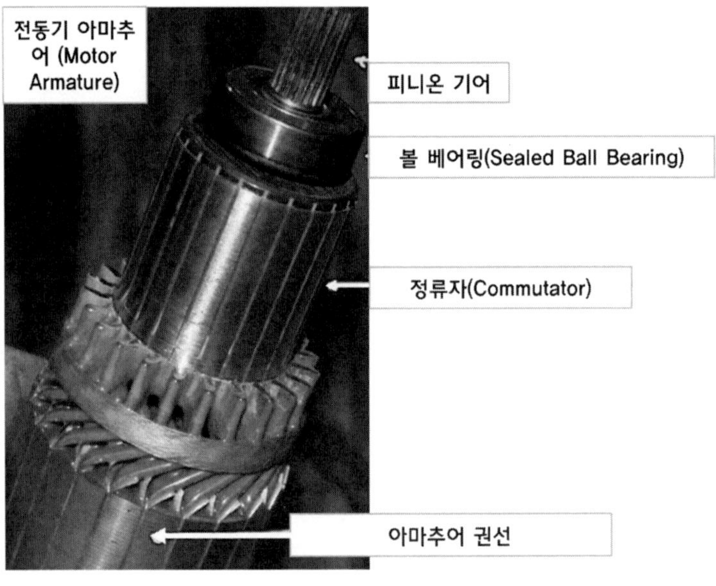

그림 7-16 전동기 이해

상기 전동기에서 권선은 회전자인 로터에 권선이 되어 있고 끝부분에 구리 절편으로 정류자(commutator)가 구성 되어 있는 관계로 한 쪽 정류자의 구리 절편에서 180도 반대편 절편 사이가 코일의 끝단이므로 회전자에 감겨져 있는 코일의 권선 저항은 사진과 같이 180간격을 두고 저항을 측정한다. 저항값이 대체적으로 적기 때문에 측정할 때 0점 조절 및 세심한 측정이 필요하다. 상기 자동차 전동기인 경우는 5Ω 이하가 될 것이다.

2.5 변압기 절연 저항 측정

어느 전자 장비나 회로에서 절연저항을 측정한다는 것은 회로상 누전 여부를 측정하는 것으로 전기회로상의 전압보다 높은 전압(500VDC 또는 1,000VDC 등)을 공급하여 절연여부(고전압 부하상태에서도 절연상태 유지)를 측정하는 것이다. 변압기에서 절연 저항이란 권선과 변압기 케이스 사이 절연 상태와 또는 입력단자와 출력단자 사이의 절연 상태를 유지하기 위한 저항으로 어떠한 누전 현상이 없도록 제작 설계가 되어 있다. 바로 이 절연 여부를 고압을 공급하면서 측정하는 것이다. 주의 할 점은 대부분 변압기 케이스는 이미 방식 및 절연을 위해 페인트가 되어 있어서 절연 메터의 Earth 터미널인 흑색선을 연결할 때 페인트를 완전히 벗겨내어 도체와 정확히 연결을 시켜야 한다. 또한 고압(高壓)전력이 공급되므로 특히 고압에 노출 되지 않도록 특별한 주의가 필요하다.

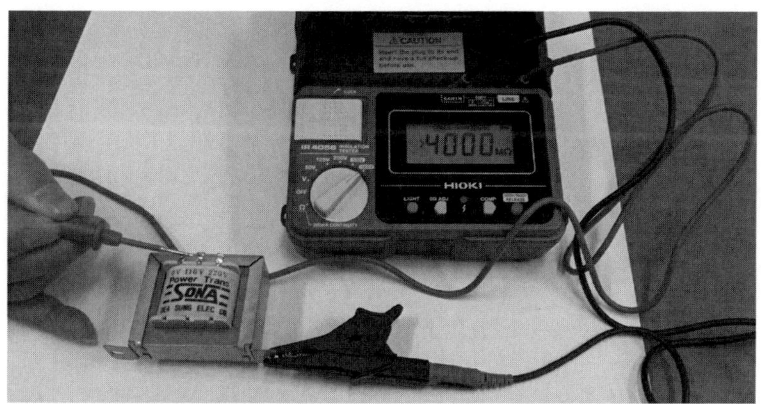

그림 7-17 변압기 입력단 절연저항 측정. 1000 VDC 공급

상기 디지털 메거 테스터의 지시값에서 보면 4000 MΩ을 지시하고 있는데 이는 장비 특성상 1000VDC를 공급할 때 절연이 무한대임을 지시한다. 즉 4000MΩ이라는

것이 아니고 무한대 값을 지시하는 것이다. 전원을 500VDC를 공급하면서 절연을 측정할 때는 절연값이 무한대일 때는 2,000 MΩ을 지시한다.

2.6 전동기 절연 저항 측정

변압기와 마찬가지로 전동기의 권선과 전동기 축(shaft) 또는 케이스(case)는 서로 절연이 되도록 설계 단계부터 제작되어있다. 이를 정확히 측정하기 위해서는 edma 그림과 같이 전동기 케이스와 권선의 절연 여부를 측정하여야 한다. 마찬가지로 Earth 터미널인 흑색선을 페인트가 없는 케이스나 축에 연결을 하여야 한다.

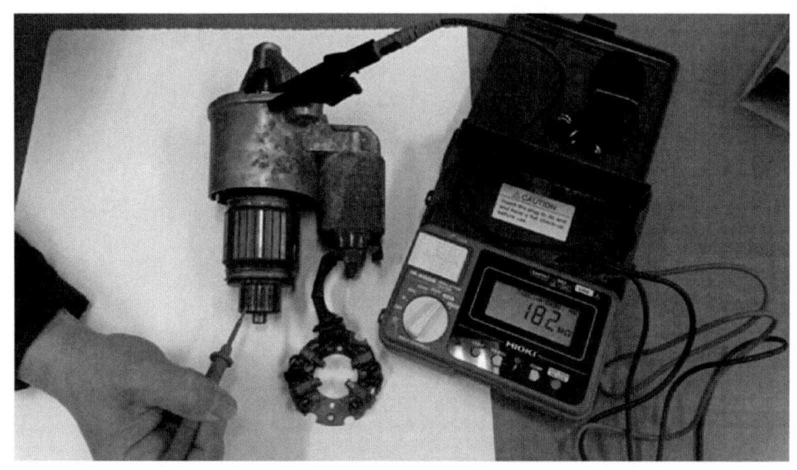

그림 7-18 전동기 절연저항 측정

상기 그림에서 전동기 케이스에 Earth 터미널인 흑색선을 연결하고 적색선은 권선과 연결되어 있는 구리 절편인 정류자에 연결한다. 절연 저항값은 현재 182MΩ이다. 대체적으로 항공기 계통에서 절연저항은 10MΩ 이상이면 정상이라고 본다.

2.7 저항 직병렬 연결 및 전압. 전류 측정

6개 이상의 저항을 제시하고 그 중에서 3개(1KΩ, 2KΩ, 4KΩ)을 골라서 회로와 같이 저항을 직병렬로 연결하고 6VDC 전원을 공급하고 스위치를 연결하면 회로가 완성이 된다. 이대 저항단의 전압 및 전체 회로의 전류를 측정하라. 특히 주의할 사항은 극성이 있으므로 극성을 주의하여 멀티메터를 연결하여야 한다. 잘못 연결하게 되면 메터의 FUSE가 끊어지는 경우가 발생한다.

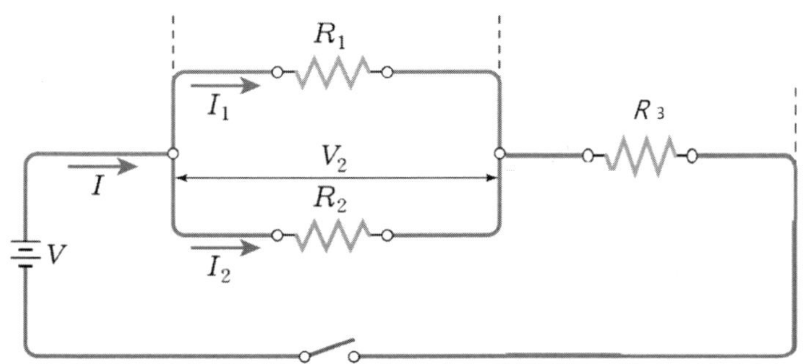

그림 7-19 저항 직병렬 연결 및 전압.전류 측정

2.8 전자석 제작 및 실습

전자석이란 전류가 흐르면 자화(자석의 성질)되고 전류가 없으면 원래의 상태로 되돌아가는 일시적인 자석. 즉 전기가 흐를 때만 자석이 되는 것이다.

2.8.1 전자석 만들기

준비물 : 쇠못, 종이, 에나멜선, 건전지, 클립 등(자석에 작용)

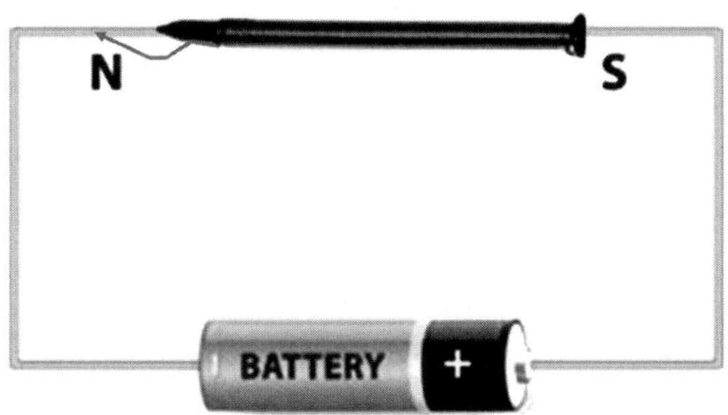

그림 7-20 전자석 제작 및 실습

① 쇠못을 불에 달구었다가 천천히 냉각시킨다. 불에 달구는 이유는 보통 못은 전류가 흐르지 않아도 자석의 성질이 있을 수 있어 전자석 기능이 제대로 안될 수도 있고 천천히 식히는 이유는 전류가 흐를 때만 자석의 성질을 갖도록 못을 연철을 만들기 위함이다.

② 식힌 쇠못에 종이로 감는다. - 에나멜선과 못 사이 절연을 위함이다.

③ 종이 위에 에나멜선을 한쪽 방향으로 촘촘히 감고(100번 정도), 양 끝이 풀리지 않게 쇠못의 끝 쪽을 셀로판테이프로 붙여 준다.

④ 에나멜선 양 끝을 벗기고 배터리를 연결한다. 사이에 스위치를 연결하여 제어를 해도 좋다.

⑤ 못의 한쪽 끝에 클립이나 나침반을 가까이 대면서 자석을 관찰한다.

⑥ 전자석의 극 찾는 방법은 나침반이 N극이 오면 전자석은 S극이 되고 또한 다른 방법은 오른손 네 손가락을 전류가 흐르는 방향으로 감을 때, 엄지손가락 방향이 N극이 된다.

⑦ 자석을 세게 하려면 배터리 수를 늘리거나 코일 감은 수를 늘려 더 감아야 한다.

저자소개

김천용 교수
한서대학교 항공기술교육원장

박희관 교수
초당대학교 항공정비학과 교수

하영태 교수
호원대학교 항공정비공학과 교수

권병국 교수
세한대학교 항공정비학과장

항공학 시리즈 ⑧

항공전기전자실무

발행일 : 2021년 8월 23일

지은이 : 김천용·박희관·하영태·권병국 공저
펴낸이 : 박승합

펴낸곳 : 노드미디어
주　소 : 서울시 용산구 한강대로341 대한빌딩 206호
전　화 : 02-754-1867
팩　스 : 02-753-1867

홈페이지 : http://www.enodemedia.co.kr
전자우편 : nodemedia@daum.net
출판사 등록번호 : 제 302-2008-000043 호 (1998년 1월 21일)

ISBN : **978-89-8458-346-7 93550**

정가 20,000원